国之重器出版工程
网络强国建设

可见光通信关键技术系列

"十三五"
国家重点出版物出版规划项目

可见光通信光源与探测器件原理及应用

Principles and Applications of Light Sources and Detection Devices for Visible Light Communications

张树宇　汪莱　张建立　田朋飞　编　著

人民邮电出版社
北京

图书在版编目（CIP）数据

可见光通信光源与探测器件原理及应用 / 张树宇等
编著. -- 北京：人民邮电出版社，2020.12（2023.1重印）
（国之重器出版工程. 可见光通信关键技术系列）
ISBN 978-7-115-54994-5

Ⅰ. ①可… Ⅱ. ①张… Ⅲ. ①光通信系统－研究
Ⅳ. ①TN929.1

中国版本图书馆CIP数据核字（2020）第187838号

内 容 提 要

　　本书围绕可见光通信的硬件基础，系统介绍了可见光通信光源与探测器件的原理、应用以及
发展现状。本书共分为 5 章。前 3 章面向可见光通信光源，包括硅衬底 LED 器件及芯片、有机发
光材料、OLED 以及 Micro-LED，介绍了各类型可见光通信光源的基本原理及其在可见光通信中的
应用发展。后 2 章面向可见光通信探测器，包括半导体雪崩探测器、有机光伏探测器和有机光电探
测器，介绍了各类型可见光通信探测器的工作原理及其在可见光通信中的应用。

　　本书呈现了近年来国内外可见光通信光源与探测器件领域最前沿的科研成果，适合从事半导
体、光电材料及通信领域研究的高等院校和研究机构的本科生和研究生阅读，也可供相关专业的
科研人员和技术人员参考。

- ◆ 编　著　张树宇　汪　莱　张建立　田朋飞
　　责任编辑　代晓丽
　　责任印制　杨林杰
- ◆ 人民邮电出版社出版发行　北京市丰台区成寿寺路 11 号
　　邮编　100164　电子邮件　315@ptpress.com.cn
　　网址　https://www.ptpress.com.cn
　　固安县铭成印刷有限公司印刷
- ◆ 开本：720×1000　1/16
　　印张：11.5　　　　　　　　2020 年 12 月第 1 版
　　字数：213 千字　　　　　　2023 年 1 月河北第 2 次印刷

定价：108.00 元

读者服务热线：(010)81055493　印装质量热线：(010)81055316
反盗版热线：(010)81055315

专家委员会委员（按姓氏笔画排列）：

于　全　中国工程院院士

王　越　中国科学院院士、中国工程院院士

王小谟　中国工程院院士

王少萍　"长江学者奖励计划"特聘教授

王建民　清华大学软件学院院长

王哲荣　中国工程院院士

尤肖虎　"长江学者奖励计划"特聘教授

邓玉林　国际宇航科学院院士

邓宗全　中国工程院院士

甘晓华　中国工程院院士

叶培建　人民科学家、中国科学院院士

朱英富　中国工程院院士

朵英贤　中国工程院院士

邬贺铨　中国工程院院士

刘大响　中国工程院院士

刘辛军　"长江学者奖励计划"特聘教授

刘怡昕　中国工程院院士

刘韵洁　中国工程院院士

孙逢春　中国工程院院士

苏东林　中国工程院院士

苏彦庆　"长江学者奖励计划"特聘教授

苏哲子　中国工程院院士

李寿平　国际宇航科学院院士

李伯虎	中国工程院院士
李应红	中国科学院院士
李春明	中国兵器工业集团首席专家
李莹辉	国际宇航科学院院士
李得天	国际宇航科学院院士
李新亚	国家制造强国建设战略咨询委员会委员、中国机械工业联合会副会长
杨绍卿	中国工程院院士
杨德森	中国工程院院士
吴伟仁	中国工程院院士
宋爱国	国家杰出青年科学基金获得者
张 彦	电气电子工程师学会会士、英国工程技术学会会士
张宏科	北京交通大学下一代互联网互联设备国家工程实验室主任
陆 军	中国工程院院士
陆建勋	中国工程院院士
陆燕荪	国家制造强国建设战略咨询委员会委员、原机械工业部副部长
陈 谋	国家杰出青年科学基金获得者
陈一坚	中国工程院院士
陈懋章	中国工程院院士
金东寒	中国工程院院士
周立伟	中国工程院院士

郑纬民　中国工程院院士

郑建华　中国科学院院士

屈贤明　国家制造强国建设战略咨询委员会委员、工业和信息化部智能制造专家咨询委员会副主任

项昌乐　中国工程院院士

赵沁平　中国工程院院士

郝　跃　中国科学院院士

柳百成　中国工程院院士

段海滨　"长江学者奖励计划"特聘教授

侯增广　国家杰出青年科学基金获得者

闻雪友　中国工程院院士

姜会林　中国工程院院士

徐德民　中国工程院院士

唐长红　中国工程院院士

黄　维　中国科学院院士

黄卫东　"长江学者奖励计划"特聘教授

黄先祥　中国工程院院士

康　锐　"长江学者奖励计划"特聘教授

董景辰　工业和信息化部智能制造专家咨询委员会委员

焦宗夏　"长江学者奖励计划"特聘教授

谭春林　航天系统开发总师

前 言

　　可见光通信关键技术系列从可见光通信的基础硬件、关键技术、技术应用和标准4个方向，详细介绍了可见光通信的方方面面。本书《可见光通信光源与探测器件原理及应用》是可见光通信关键技术系列之一，介绍可见光通信的硬件基础。

　　可见光通信技术以可见光作为信息载体，实现可见光在自由空间中的直接传输，为终端设备提供一种崭新的互联方式，是具有广阔市场空间和战略发展前景的无线通信技术之一。近年来，可见光通信技术的发展日新月异，通信距离和通信速率屡创新高，在这背后，半导体器件的针对性设计及发展是主要的推动因素之一。半导体器件与可见光通信优势互通、强强联合，打造了"绿色照明 + 绿色通信 + 光联万物"的新理念。在此背景下，本书主要围绕可见光通信的硬件基础，着重介绍用于可见光通信的半导体光源和探测器，并介绍其最新发展情况及趋势，内容涵盖高速硅衬底 LED 的器件物理和设计、适合可见光通信的 Micro-LED 光源、面向可见光通信的 OLED 和有机发光材料、半导体雪崩光电探测器以及新型可见光探测材料与器件。

　　本书的撰写得到了多位学者的大力支持，凝聚了集体的智慧。张建立教授（南昌大学）撰写了第 1 章，张树宇副教授（复旦大学）撰写了第 2 章与第 5 章，田朋飞副教授（复旦大学）撰写了第 3 章，汪莱副教授（清华大学）撰写了第 4 章。迟楠教授对本书的大纲设计和编撰人员组成给予了很多指导。代晓丽老师为审稿和编辑付出了大量的辛勤劳动。在书稿修订过程中，董钰蓉、张岱、李雪松、赵雯琪、周安琪、王飞龙、崔明慧、周顾帆、钱泽渊、陈新伟、王振鹏、林润泽、王小兰、刘洋等也给予了帮助。在此，对各位同事及同行的大力支持和辛勤付出表示由衷的感谢，正是大家的共同努力，使这部合作撰写的《可见光通信光源与探测器件原理及应用》得以问世。

本书讲述的研究成果得到以下基金项目的支持，在此表示感谢。项目编号包括 61974031、61705041、61705042、16YF1400700、2017YFB0403603、2018YFB0406702、2016YFB0400102、61822404、61974080、TZ2016003-2-309。

最后，也感谢读者对本书的关注。希望我们的努力能为读者全方位地展示可见光通信的硬件基础及最新发展。由于我们水平和时间有限，书中内容难免有不当之处，敬请读者批评指正。

张树宇

2020 年 4 月于复旦大学

目 录

第 1 章

硅衬底 LED 光源与器件

硅（Si）衬底氮化镓（GaN）基发光二极管（LED）的生长与制造是一项极具吸引力也极具挑战性的研究工作。GaN 和 Si 衬底之间晶格常数和热膨胀系数的巨大差异，使得 GaN 外延薄膜在生长结束后的降温过程中受到巨大的应力而产生裂纹。采用图形化衬底和氮化镓铝/氮化铝（AlGaN/AlN）缓冲层等技术，可以控制外延薄膜所受的应力，成功地生长无裂纹且具有低位错密度的 GaN 外延层。同时，利用有源区中的 V 形缺陷屏蔽位错、调控应变、增强载流子注入等，研制出高发光效率的 LED 外延结构。此外，在制造工艺方面，硅衬底 GaN 基 LED 芯片与蓝宝石衬底 LED 芯片有很大的差异，由此开发出具有多项独特单元技术的垂直薄膜芯片结构。

|1.1 硅衬底 LED 材料的结构与生长 |

1.1.1 衬底

衬底是 GaN 薄膜外延生长的基础，对 LED 材料的晶体质量、应变、器件的发光方式和光提取模式等有很大的影响。相比其他衬底材料，如蓝宝石和碳化硅（SiC），硅不是 GaN 外延生长的理想衬底，因为两者晶格常数和热膨胀系数的失配度很大。如图 1-1 所示，GaN 和 Si(111)衬底之间的晶格失配度和热失配度分别为 16.9%和 57%，远大于 GaN 与蓝宝石或 6H-SiC 衬底的晶格失配度和热失配度。这些因素会导致外延层缺陷密度高、易出现裂纹以及翘曲现象，给获得高发光效率 GaN 基 LED 的外延生长带来了极大的困难。

然而，Si 作为 GaN 基 LED 的衬底也有很大的优势。首先，Si 衬底的获取非常方便，价格相对便宜，尤其是在衬底尺寸较大的时候，相比其他衬底，成本可以下降很多；其次得益于半导体微电子行业的发展，与 Si 相关的材料价格低廉，加工技术也非常成熟；此外，Si 衬底还具备良好的导电性和导热性，便于集成到微电子器件中。在生长长波长 LED 的时候，Si 和 GaN 之间巨大的晶格失配度和热失配度所产生的应变使得铟（In）更容易并入晶格中，大大提高了 In 的并入率，从而可以大幅提高量子阱（Quantum Well，QW）的生长温度，改善其晶体质量。

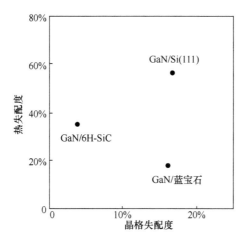

图 1-1 GaN 在不同衬底上的晶格失配度和热失配度

自 1970 年首次报道了在 Si 衬底上生长的 GaN 基 LED[1]以来，很多研究人员在研究 Si 衬底上生长 GaN 的技术上做出了巨大的努力。2009 年，Si 衬底上的第一个高亮 LED 才出现[2]。如今，Si 衬底 GaN 基 LED 已经在我们的生活中被广泛应用。

减少由 Si 衬底与 GaN 之间巨大的晶格失配度和热失配度导致的裂纹的主要办法是 Si 衬底图形化和引入缓冲层。Si 衬底图形化是指在生长外延薄膜之前，Si 衬底被图形分割线分割成了很多个相互独立的单元网格。在生长 GaN 的过程中，图形分割线上面不会生长 GaN，因此，GaN 薄膜也被分割成相互独立的单元网格。这些分割线可以充当外延薄膜上的"裂纹"，有助于释放应力。而且，网格边界可以将应力集中在小网格内，即使在其中一个网格内产生了裂纹，这个裂纹也会被隔离在这个网格内，很难延伸到别的网格。减少裂纹的另一种方法是借助缓冲层，通过晶格应变来释放应力。缓冲层由多层不同铝（Al）组分的 AlGaN 组成，其中 Al 含量可以从 100%逐渐降低到 0。AlGaN 的晶格常数随着 Al 含量的降低而增加，生长过程中产生的压应变累积在 AlGaN 层中。只要缓冲层足够厚，压应变就可以补偿由热失配引起的拉应变，避免或减少薄膜出现裂纹的可能。

此外，GaN 薄膜中的位错密度（Threading Dislocation Density，TDD）对 LED 的性能也有很大影响。GaN 一般是在 Si(111)上外延生长。GaN 的晶格常数（a_{GaN} = 0.318 9 nm）和 Si 的晶格常数（$a_{Si(111)}$= 0.384 0 nm）相差很大，导致晶格失配度较大（16.9%），

产生约 10^{10} cm^{-2} 的高穿透位错密度。另一个严重的问题是 GaN 和 Si 之间的热失配度较大。GaN 的面内热膨胀系数为 5.59×10^{-6} K^{-1}[3]，而 Si 的相应值为 2.59×10^{-6} K^{-1}，这导致从生长温度（约 1 000 ℃）冷却到室温时产生很大的拉应力。很大的拉应力将导致 GaN/Si 外延晶片的翘曲和破裂，从而给器件应用带来问题。在典型的金属有机化合物化学气相沉淀（Metal-Organic Chemical Vapor Deposition，MOCVD）生长条件下，通过样品的曲率计算出 GaN 所受应力约为 0.9 GPa[4-5]。

为了在 Si(111) 衬底上获得低位错密度且无裂纹的 GaN 薄膜，我们可以在 Si 衬底和 GaN 之间生长一个合适的缓冲层结构。在缓冲层生长之前，需要适当处理 Si 衬底以获得用于生长高质量 GaN 层的最佳状态。

衬底的取向对外延生长以及器件结构等有较大的影响，通常采用 X 射线衍射仪测试衬底的取向。在制备衬底时，切割和后续抛光的过程会引入误差，使得 Si 衬底的真实表面与预期的晶体表面存在一定的偏差，偏差程度通常由斜切角定义。研究表明，Si(111) 衬底的斜切角对生长在其上的 GaN 基 LED 的光学性能有重要影响[6]，考虑到衬底生产的控制，通常将其控制在 0.3° 以内[6]。

Si 衬底的厚度对 GaN 薄膜的生长也有一定的影响。通常，衬底越厚，在整个外延生长和降温过程中外延薄膜越不容易产生翘曲，这将有利于改善 LED 的波长均匀性。然而，衬底的厚度与成本直接关联，增加衬底厚度会增加成本，同时也不利于垂直结构 LED 在芯片制造过程中 Si 衬底的剥离，因此，衬底的厚度也不能太厚。2 inch（50.8 mm）图形化 Si(111) 衬底当厚度在 0.43~1 mm 时，一般可以获得具有良好波长均匀性的外延薄膜，而对于 6 inch（152.4 mm）图形化 Si(111) 衬底，厚度需要达到 1~1.5 mm。在非图形化 Si 衬底上生长 GaN 基 LED，为了获得无裂纹和具有良好波长均匀性的外延薄膜，通常需要衬底更厚。

选择衬底的取向以及厚度之后，图形化过程是衬底制备中最重要的一步，这里采用的是网格图形化衬底。单元网格的尺寸通常取决于要获得的芯片的尺寸。图 1-2 所示为图形化 Si 衬底的示意图，其中图 1-2（a）是俯视图，可以看出，Si 衬底被图形分割线分割成相互独立的单元网格。图形分割线一般有两种：① 通过生长介质膜（如 SiN$_x$、SiO$_2$）和光刻获得的介质膜分割线，如图 1-2（b）所示；② 在 Si 衬底上通过光刻刻蚀出的沟槽分割线，如图 1-2（c）所示。图 1-2（b）所示的介质膜分割线是无定形的，因此不能在衬底上生长出取向一致的晶种层，而图 1-2（c）所示的沟槽分割线在空间上把衬底分割成独立的单元网格，因此在这两种情况下，GaN 薄膜也被分割为独立的单元网格。通过以上两种图形分割线都可以获得高质量的 GaN 薄膜。

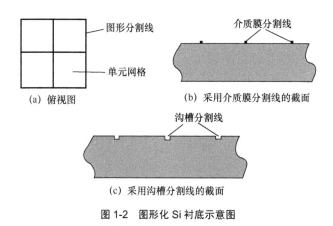

(a) 俯视图　　　　(b) 采用介质膜分割线的截面

(c) 采用沟槽分割线的截面

图 1-2　图形化 Si 衬底示意图

　　Si 衬底经过图形化之后，表面通常会有污染物（如微粒子、金属和有机物）及自然生成氧化层等表面微粗糙度较大，这些势必影响后续的外延生长，因此有必要进行清洁。清洁通常分为两步：第一步是生长前的湿法清洗，此方法采用 IC 行业广泛使用的典型 Si 衬底清洁技术，在此不再赘述；第二步是在 MOCVD 反应室中的高温烘烤。高温烘烤可以去除 Si 衬底表面上的自然氧化物，获得适合后续外延生长的平整表面。图 1-3 所示为 Si(111)衬底经过抛光、湿法清洁后在 MOCVD 反应室中经过高温烘烤前后的原子力显微镜（Atomic Force Microscope，AFM）图像。从图 1-3（a）可以看出，经过抛光和湿法清洁之后，Si(111)衬底表面存在大量划痕，这样的表面很难获得高质量的外延薄膜。经过 MOCVD 反应室高温烘烤后，Si(111) 衬底表面上的划痕消失，且表面出现台阶流形貌，表面粗糙度（RMS）也从 0.583 nm 减小到 0.178 nm（10 μm×10 μm），如图 1-3（b）所示，这为后续的外延生长创造了良好的表面条件。

　　GaN 直接在 Si 衬底上生长时，Si 表面容易与 NH_3 反应形成 SiN_x，无法在 Si 衬底上直接生长单晶 GaN 薄膜[7]，并且 Si 衬底与 Ga 反应会造成 Ga 回熔[8]，外延薄膜表面容易产生宏观缺陷，如图 1-4 所示。为了解决上述问题，避开 Si 衬底与 GaN 直接接触，在两者之间引入中间层或缓冲层，以防止在 Si 衬底表面上形成 SiN_x。采用的缓冲层包括 3C-SiC[9]、AlAs[10]、γ-Al_2O_3[11]和 BN[12]等。尽管这些缓冲层可以解决问题，但是通常需要两步外延生长，这使生长过程变得复杂。AlN 是一种比较理想的中间材料，Si 衬底表面上生长一层 AlN，不仅可以阻断 GaN 与 Si 衬底，使 Ga 源不能与 Si 衬底表面发生回熔，还可以用作籽晶层或成核层，促进 GaN 的后续生长[13]。除此之外，AlN 的面内晶格常数比 GaN 的小，在后续的 GaN 层中引入一定程度的压应力，用来补偿 GaN 与 Si 衬底之间的张应力以及降温过程中所形成的张应力。

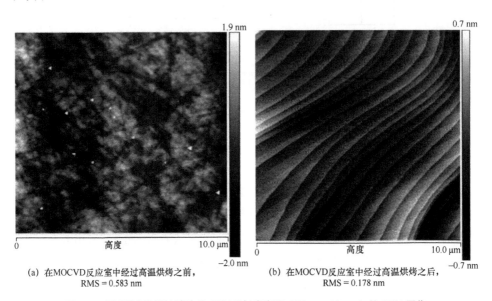

(a) 在MOCVD反应室中经过高温烘烤之前，RMS = 0.583 nm

(b) 在MOCVD反应室中经过高温烘烤之后，RMS = 0.178 nm

图 1-3　经过抛光和湿法清洁的 Si(111)衬底表面（10 μm×10 μm）的 AFM 图像

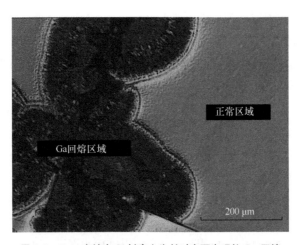

图 1-4　GaN 直接在 Si 衬底上生长时表面出现的 Ga 回熔

早在 1993 年，Watanabe 等[14]成功地使用 AlN 作为缓冲层获得单晶 GaN 薄膜。2000 年，Yang 等[15-16]指出在生长 AlN 缓冲层之前，在 Si 衬底上沉积一些 Al 有助于加速随后 AlN 的生长模式从三维（3D）岛生长转换为二维（2D）薄膜生长，并巧妙地解决了 NH₃ 与 Si 衬底之间的反应以及 Ga 回熔的问题。这对于获得高质量的 GaN 非常有意义[13]，且在分子束外延（Molecular Beam Epitaxy，MBE）[13,16-17]和 MOCVD 系统[15,18-19]中都得到了证明。很多研究人员也对 AlN 生长温度、V/III 比和衬底厚度等的影响进行了研究[14, 20-22]。

如上所述，由于两种材料之间的晶格失配度较大，在 Si 衬底上生长 GaN 会产生较大的失配位错密度，通常大于 $10^{10}\,cm^{-2}$。因此，降低位错密度是在 Si 衬底上生长 GaN 薄膜的另一关键问题。侧向外延生长（Epitaxial Lateral Overgrowth，ELOG）可以在异质界面处减少螺位错，是降低位错密度的重要技术，被广泛用于 GaAs、InP、GaN 和其他材料的生长[23]。1999 年，Kung 等[24]使用 ELOG 技术在 Si 衬底上生长了 GaN。Honda 等[25]和 Dadgar 等[26]也分别通过选区生长技术和 ELOG 技术成功地在 Si 衬底上生长了 GaN 薄膜。Jiang 等[6]提出了一种类 ELOG 技术来降低 Si 衬底上 GaN 薄膜的位错密度的方法，该技术被称为"无掩模微型侧向外延生长（Maskless Micro ELOG，MMELOG）"技术。这里的"无掩模"是指不需要额外制作掩模层，而"微型"则意味着横向外延尺度要比常规 ELOG 技术的小很多。图 1-5 所示为采用 MMELOG 技术在 Si 衬底上生长 GaN 的示意图，生长过程为：① 在 Si(111)衬底上生长 AlN 缓冲层；② 在 AlN 缓冲层上形成"GaN 岛成核层"；③ "GaN 岛成核层"不断长大，"GaN 岛成核层"也称为 3D GaN 层；④ 生长合并层，通过 ELOG 技术将 3D GaN 层合并成平整的 GaN 层。

如图 1-5（a）所示，在垂直方向上，只有一部分螺位错从 AlN 缓冲层延伸到 GaN 岛，降低了 GaN 层内的位错密度。值得注意的是，GaN 岛的密度（单位面积内岛的个数）和尺寸（GaN 岛与 AlN 接触的区域）对从 AlN 缓冲层延伸到 GaN 岛的穿透位错（Threading Dislocation，TD）产生重大影响。GaN 岛的密度和尺寸越小，GaN 岛中的位错密度越低。但是，GaN 岛的密度太小，不利于随后的 ELOG 合并。因此，需要控制适当的 GaN 岛密度和尺寸。除了 GaN 岛本身的生长条件之外，AlN 层的状态也是控制 GaN 岛的重要因素。通常，AlN 的表面越光滑，晶体的质量越高，则 GaN 岛更容易生长。通常，小的 V/III 比（通常小于 500）、高压和高温也容易使 GaN 按 3D 岛生长模式生长。

在 GaN 岛上实现 MMELOG，由于 AlN 与 GaN 之间的晶格失配度较大（2.47%），3D GaN 层提供了较高的表面阻止 GaN 在 AlN 上生长，因此，后续的 GaN 将在均匀的 GaN 岛上生长，然后再调整 GaN 的生长条件，可以实现 GaN 的 ELOG。此时，ELOG 最重要的条件是具有较大的 V/III 比，通常达到 2 000 以上。在 ELOG 的过程中，GaN 岛中的位错会发生变化或相互作用。例如，两个位错相互反应并消失（如图 1-5（b）中字母 A 所示），位错线平行于生长面（如图 1-5（b）中字母 B 所示），位错线在一定方向上转弯（如图 1-5（b）中的字母 C 所示），位错线沿生长方向延伸（如图 1-5（b）中的字母 D 所示）。在这种情况下，A、B 和 C 3 种位错有利于降低下一层材料中的位错密度，如图 1-5（c）所示，只有 D 这种位错将直接穿透到下一层。演化机理基于透射电子显微镜（Transmission Electron Microscope，TEM）观察到的结果，在后面给出测试结果。关于 ELOG 过程中位错的演化机理，已有研究报道[23-29]，在此不再赘述。

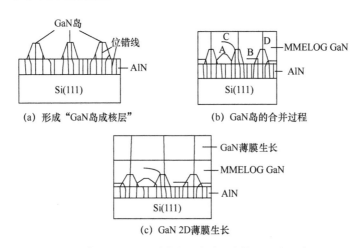

(a) 形成"GaN 岛成核层"　　　　　　(b) GaN 岛的合并过程

(c) GaN 2D 薄膜生长

图 1-5　采用 MMELOG 技术在 Si 衬底上生长 GaN 的示意图

图 1-6 所示为在 Si(111) 衬底上采用 100 nm AlN 缓冲层获得的无裂纹和具有低位错密度的 GaN 薄膜的 TEM 图像。从图 1-6（a）可以看出，在 AlN 层中存在大量的位错线（位错密度大于 10^{10} cm^{-2}），经过 3D 岛生长和 MMELOG 之后，GaN 的位错密度降低到 10^8 cm^{-2} 数量级。图 1-6（b）、图 1-6（c）和图 1-6（d）是图 1-6（a）的局部放大图，图中的字母 A、B 和 C 代表 A、B 和 C 3 种位错演变。为了更直观地显示 3D 岛生长和 MMELOG 的生长模式，可以降低 GaN 的位错密度，我们准备了直接在 AlN 层上生长的 GaN 样品，TEM 图像如图 1-6（e）所示。图 1-6（e）中 AlN 缓冲层中的位错大部分延伸到 GaN 层中，因此与图 1-6（a）中 GaN 层中的位错密度相比，直接在 AlN 上生长的 GaN 层中的位错密度要高很多。

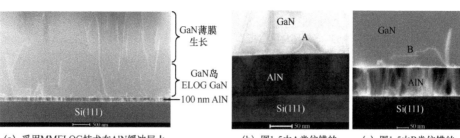

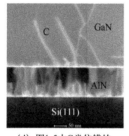

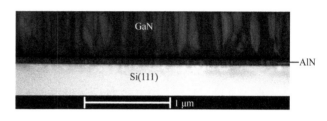

(a) 采用MMELOG技术在AlN缓冲层上
生长的无裂纹、低位错密度的GaN薄膜

(b) 图1-5中A类位错的
演变机制

(c) 图1-5中B类位错的
演变机制

(d) 图1-5中C类位错的
演变机制

(e) 直接在AlN缓冲层上生长的
高位错密度的GaN薄膜

图 1-6　采用 100 nm AlN 缓冲层在 Si 衬底上生长的 GaN 薄膜的 TEM 图像

　　在 3D GaN 岛生长并采用 MMELOG 技术之后，位错密度降低了两个数量级，从 10^{10} cm^{-2} 降至 10^{8} cm^{-2}。使用该技术，测试 GaN（0002）和（102）面的摇摆曲线，其半峰全宽（Full Width at Half Maximum，FWHM）分别为 230 arcsec 和 330 arcsec。GaN 通过随后的 2D 薄膜生长，表面进一步平整，这为 LED 结构的后续生长提供了良好的表面条件。图 1-7 所示为 GaN 外延层 AFM 图像，RMS 为 0.148 nm。

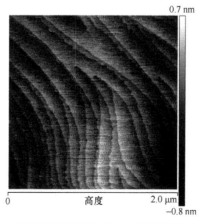

图 1-7　采用 MMELOG 生长的 GaN 外延层 AFM 图像

1.1.2　渐变 AlGaN 缓冲层

除了前面提到的图形化衬底减少裂纹、MMELOG 技术降低位错密度的方法之外，还有一种常规的办法，即在 Si 衬底和 GaN 外延层之间引入渐变 AlGaN 缓冲层或渐变 AlN 缓冲层。

在 Si 衬底上生长 GaN 的过程中，采用渐变 AlGaN/AlN 多层缓冲层可以获得表面平整无裂纹、位错密度较低的 GaN。但是，相比在蓝宝石衬底上生长的 GaN，位错密度仍然较大。据观察，在 AlGaN/AlN 材料系统中，晶格失配压应变越大，TD 拐弯越严重[30-31]。在上述引入渐变 AlGaN/AlN 缓冲层的小组[32]和其他小组[33-34]的报告中，通常是一系列高 Al 组分 AlGaN 层（与下面的 AlN 层具有有限的晶格失配度）先在 AlN/Si 上沉积，但是对 TD 拐弯和压应变积累的减少几乎没有贡献。例如，AlN 和 $Al_{0.80}Ga_{0.20}N$ 之间只有约 0.48% 的晶格失配度，这使得 TD 只倾斜了很小的角度，大部分 TD 仍然可以穿透到上一层，使得 X 射线摇摆曲线（X-Ray Rocking Curve，XRC）衍射的 FWHM 仍然较宽。

基于对晶格失配、位错减少和应变弛豫的理解，Sun 等[35]简化了用在 Si 衬底上生长无裂纹高质量 GaN 的 AlGaN/AlN 多层缓冲层的结构设计。Sun 等采用 $Al_{0.35}Ga_{0.65}N$ 作为与 Si 上 AlN 直接接触的第一层 AlGaN。AlN 和 $Al_{0.35}Ga_{0.65}N$ 之间晶格失配度变大使得压应变增大，TD 拐弯更严重，从而位错之间发生反应引起位错湮灭。随着 TDD 的大大降低，在随后 $Al_{0.17}Ga_{0.83}N$/GaN 生长过程中产生更多的压应变来补偿在降温过程中由热膨胀系数引起的拉应力，从而在 Si 衬底上获得无裂纹高质量的 GaN 薄膜。

通过双曲 X 射线摇摆曲线（Double-Crystal XRC，DCXRC）测量，在 Si 衬底上采用 $Al_{0.17}Ga_{0.83}N$/$Al_{0.35}Ga_{0.65}N$/AlN 作为缓冲层生长的厚度为 3.6 μm 的 N 型（Si 掺杂为 5.8×10^{18} cm^{-3}）GaN，其晶体质量很好，图 1-8（a）和图 1-8（b）展示了在 Si 衬底上生长的高质量 GaN 的 DCXRC 和从相对于 3.6 μm 厚的 N 型 GaN 的（0001）平面获得的 DCXRC 的 FWHM，表明刃位错密度较低[36,37]。

值得注意的是，与螺位错和混合位错相比，作为非辐射复合中心（Non-Radiative Recombination Center，NRC）的刃位错更不利于内量子效率（Internal Quantum Efficiency，IQE）[38]。根据全色阴极荧光（Cathodoluminescence，CL）图像中的黑点密度统计，在 Si 衬底上生长的高质量 GaN 薄膜的 TDD 约为 5.8×10^{8} cm^{-2}（如

图 1-8（c）所示），为后续的 InGaN/GaN 多量子阱（Multiple Quantum Well, MQW）有源区的生长提供了高质量的材料平台（如图 1-8（d）所示）。

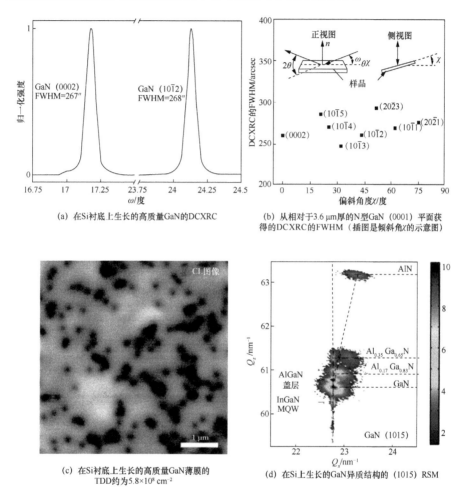

(a) 在Si衬底上生长的高质量GaN的DCXRC

(b) 从相对于3.6 μm厚的N型GaN (0001) 平面获得的DCXRC的FWHM（插图是倾斜角χ的示意图）

(c) 在Si衬底上生长的高质量GaN薄膜的 TDD约为5.8×10⁸ cm⁻²

(d) 在Si上生长的GaN异质结构的 (1015) RSM

图 1-8　Si 衬底 GaN 材料性能表征

1.1.3　量子阱应变工程

与在 Si 衬底上生长 GaN 一样，InGaN 量子阱（QW）在 GaN 上生长也存在晶格失配问题，其晶格失配度有 2%～3%。一方面，较大的晶格失配度将直接导致晶体质量下降，比如产生新的位错或产生 In 偏析；另一方面，它将在 QW 中引入巨大的压应力。X 射线衍射测试显示 InGaN QW（约为 3 nm）在 a 轴方向几乎完全应变。

纤锌矿结构 GaN 的非对称性使得 c 轴方向存在自发极化和压电极化电场，能带结构变形并引起严重的能带弯曲。能带弯曲的时候，被注入 QW 中的载流子会被压电场迅速分离。载流子发生分离，其波函数的重叠变少，从而导致载流子的辐射复合效率降低，LED 发光效率降低。辐射复合效率的降低将使载流子在 QW 中积累，因为载流子的耗尽速率低于注入速率，从而进一步出现载流子溢出和俄歇复合，降低了 LED 的发光效率。另外，应力的存在也会影响在外延生长过程中 In 的并入率。

总而言之，提高 LED 发光效率的关键是减少 QW 所受的应力，减少 QW 所受的应力有利于材料的生长和器件性能的提高。减少 QW 所受应力的方法之一是采用晶格常数与 QW 一致的材料作为势垒，通常是 AlInN、AlInGaN 等。如图 1-9 所示，蓝光 LED 的 QW 中 In 组分为 20% 左右，如果采用 $Al_{0.8}In_{0.2}N$ 作为势垒，则势垒的 a 轴晶格常数与 QW 的相同，而势垒高度高于 GaN 势垒高度。

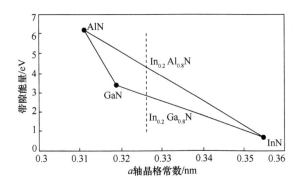

图 1-9　InGaN 和 InAlN 晶格匹配的示意图

使用 $Al_xGa_yIn_zN$ 四元系合金作为量子垒也可以达到同样的效果，表 1-1 列出了与 $In_{0.2}Ga_{0.8}N$ 阱匹配的、可以实现相同晶格常数的 $Al_xGa_yIn_zN$ 势垒的不同组成和相应的带隙能量（不考虑弯曲系数）。

考虑到载流子限制效果，量子垒的势垒高度要大于 GaN 的势垒高度，$Al_xGa_yIn_zN$ 中 Al 组分要大于 30%。从理论上讲，这是释放应力的好方法，但从材料生长的角度来说，这个方法实现比较困难，因为 AlN 和 InN 生长行为是相反的。在 AlN 的生长过程中，TmAl 和 NH_3 很容易发生预反应，且 Al 原子的表面迁移速率很低，为了抑制预反应、获得好的晶体质量，合适的生长条件是低压、小 V/III 比和高温。而对于易分解的 InN 来说，合适的生长条件是高压、高 V/III 比和低温。两种材料的对抗性生长条件给高质量 AlInN 或 AlGaInN 的生长带来很大困难。因此，生长与 QW 晶格匹配的量子垒不是释放 QW 所受应力的切实可行的办法。

表 1-1　与 $In_{0.2}Ga_{0.8}N$ 阱匹配的、可以实现相同晶格常数的 $Al_xGa_yIn_zN$ 势垒的组成和带隙能量

x	y	z	带隙能量/eV
0.10	0.68	0.22	3.08
0.20	0.56	0.24	3.30
0.30	0.44	0.26	3.53
0.40	0.31	0.29	3.75
0.50	0.19	0.31	3.97

释放 QW 应变的常用方法是在 N 型 GaN 和 QW 之间引入 In 含量相对较低的单层或多层 InGaN 作为预应变层。生长预应变层的目的是借助 In 释放来自 N 型 GaN 的部分应变。

生长预应变层不仅需要关注应变弛豫的效果，而且还要关注材料的晶体质量。因此，应适当控制 In 的含量。In 含量高会导致晶体质量下降，In 含量太少则产生的应变弛豫不足。通常，当预应变层较厚时，一般采用 InGaN/GaN 超晶格（Super Lattice，SL）而不是单层 InGaN 作为预应变层。InGaN/GaN SL 作为预应变层兼顾了应变弛豫和 QW 晶体质量。如图 1-10 所示，在 N 型 GaN 和 QW 之间引入预应变层使晶格更加平缓地演化，有助于缓冲 InGaN QW 所受的压应力。

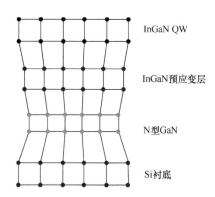

InGaN QW

InGaN预应变层

N型GaN

Si衬底

图 1-10　在 Si 衬底上生长有预应变层的 LED 结构中的应变演化示意图

Si 和 GaN 之间巨大的晶格失配度和热失配度给材料生长带来了巨大挑战，同时也为生长高质量 InGaN QW 提供了机会。一旦裂纹和位错密度得到控制，由 Si 衬底引起的拉应变和晶格应变将成为 In 并入的积极因素，可以将 QW 的生长温度提高约

20℃，从而提高 QW 的质量。

1.1.4 GaN 基 LED 的 V 形坑

由于外延层和衬底之间晶格常数和热膨胀系数失配度大，在异质衬底上生长的 InGaN/GaN 基 LED 中存在高密度的 TD。在蓝宝石或 SiC 衬底上生长的 LED 的 TDD 为 $10^8 \sim 10^9$ cm^{-2}，在 Si 衬底上生长的 LED 的 TDD 为 $10^9 \sim 10^{10}$ cm^{-2}。TD 被认为是非辐射复合中心[39]，与传统的半导体材料不同，GaN 基 LED 的发光效率似乎对 TD 不敏感，有两种机制来解释这种现象。传统理论认为，InGaN 阱中的大多数载流子位于富铟（In-Rich）区域，并在到达缺陷之前被复合掉[40-41]。最近一种新的理论认为，这种现象主要归因于 V 形坑（V Pit）。由位错引起的 V 形坑具有 6 个 {101} 的侧壁，看上去像嵌入 MQW 结构中的倒六角形 V 形坑[42]。图 1-11 所示为 V 形坑的结构。

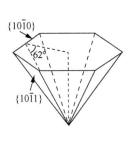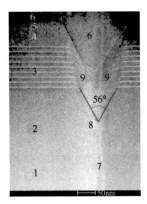

(a) V形坑的结构示意图　　(b) 在Si衬底上生长的GaN基 LED中V形坑的STEM图像

注：1. N 型 GaN；2. InGaN/GaN SL；3. c 平面 QW；4. 空穴注入层；5. P 型 AlGaN 电子阻挡层；6. P 型 GaN；7. 螺位错；8. V 形坑产生的位置；9. V 形坑的侧壁 QW。

图 1-11　V 形坑的结构

V 形坑是 GaN 基 LED 的典型特征，早在 1998 年，关于 V 形坑的研究就已经开始[43-44]，但主要集中在 V 形坑的形成机理上。2000 年，Takahashi 等[45]研究了故意形成 V 形坑的单量子阱（Single QW，SQW）中 TDD 与光致发光强度之间的关系，在强激发条件下将其与正常 SQW 进行了比较。结果表明，故意形成 V 形坑增加了发光强度，降低了光致发光强度对 GaN 的 TDD 的依赖性。2005 年，Hangleiter 等[46-47]发现 TD 可以通过形成 V 形坑进行自我屏蔽，并提出了一个物理模型来解释这种现象。

与 QW 的平台区域相比，V 形坑的侧壁更薄且其中的 In 浓度低很多，这为每个位错周围提供了一定的能量势垒。因此，由位错引起的 V 形坑可以有效地屏蔽位错本身，并防止载流子发生非辐射复合，我们将此物理模式称为"V 形坑屏蔽 TD"模型。

随后，很多研究工作者研究了 V 形坑对 InGaN/GaN MQW LED 性能的影响[48-56]。在以前的工作中[57]，我们观察了在低温条件下侧壁 MQW 的电致发光（Electroluminescent，EL）。当具有非故意掺杂电子阻挡层（Unintentionally Doped Electron Blocking Layer，UID EBL）的 LED 在低温条件下，我们观察到一个相比主发光峰来说强度更强、半峰宽更宽的短波长 EL 峰，但在具有相同外延层结构的重掺杂电子阻挡层（Heavily Doped Electron Blocking Layer，HD EBL）样品中却无此峰。图 1-12 所示为具有 UID EBL 的样品 A 和具有 HD EBL 的样品 B 在典型的 35 A/cm^2 的电流密度下的 EL 光谱。主发光峰（P_1）源自 c 面 MQW 的发光，而发射峰（P_2）涉及与 Mg 相关的跃迁。经过仔细分析，P_3 峰来自 V 形坑侧壁 MQW。P_3 的峰值波长比 P_1 的峰值波长短。因此，与平台区域相比，V 形坑侧壁的 In 浓度低很多。该结论与"V 形坑屏蔽 TD"模型一致，并为自我屏蔽效应的存在提供了可靠证据。

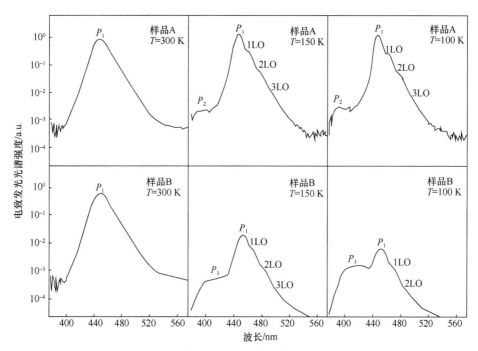

图 1-12　两个样品在 35 A/cm^2 电流密度下的 EL 光谱

近年来，"V 形坑屏蔽 TD"模型被许多研究人员接受，即把具有高位错密度的 InGaN 基 LED 具有高发光效率归因于 V 形坑。在该模型中，V 形坑的作用仅是屏蔽 TD。但是，Li 等[58]报道了具有高位错密度的 InGaN 基 LED 的高发光效率与 V 形坑对空穴注入有关。

在我们的工作中[59]，通过数值模拟建立了一个物理模型，这个模型被称为"V 形坑增强空穴注入"模型。在该模型中，屏蔽位错只是 V 形坑对提高 IQE 的作用之一，而 V 形坑对空穴注入 MQW 中也起着重要作用。由于 In 浓度较低且{10$\overline{1}$1}半极性面的侧壁结构中的极化电荷密度较低，因此空穴通过 V 形坑侧壁注入 MQW 中比通过平台区域注入 MQW 中更容易，有助于减轻效率衰退（Droop）现象，从而提高 LED 的发光效率。因此，具有较高位错密度的 InGaN/GaN QW LED 的发光效率仍然可以很高。

图 1-13 清楚地说明了空穴注入 c 面 QW 的两种方式：一种是空穴通过平台区域注入，即空穴从 P 型层直接注入 c 面 QW；另一种是空穴通过 V 形坑侧壁注入，沿着侧壁 QW 输运到 c 面 QW。

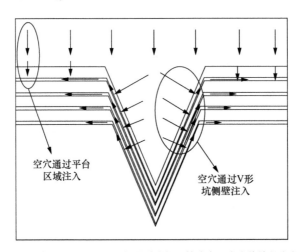

图 1-13　空穴注入 c 面 QW 的两种路径（箭头表示空穴传输的方向）

基于"V 形坑增强空穴注入"模型，可以很好地理解 V 形坑对空穴注入的深度有重大影响[58]。该模型还用于解释实验结果，其中具有较大 V 形坑尺寸的 LED 具有更高的内量子效率，但正向电压更低[60]。该工作采用基于 V 形坑屏蔽位错和 V 形坑增强空穴注入的数值模型进行了仔细的模拟计算。实验数据与仿真结果吻合良好，V 形坑的尺寸越大，越适合屏蔽位错和空穴注入。结果表明，当注入电流密度较小时，V 形坑的主要作用是屏蔽位错，但它对正向电压没有影响。然而，在正常工作电流密度下，V 形坑的主要功能是增强空穴注入，它会降低正向电压。因此，具有更大 V 形坑的 LED 具有更高的量子效率，但 LED 的正向电压更低，这主要是由于通过较大的 V 形坑注入了更多的空穴。

此外，我们还通过实验证明，在低温条件下，V 形坑可作为空穴注入 c 面 MQW 的路径[61]。c 面 MQW 发光峰的异常加宽和蓝移可以证明这一点，当流经 V 形坑的空穴比例增加时，就会发生这种现象。

V 形坑除了屏蔽位错之外还可以促进空穴的注入来提高 LED 的 IQE。根据"V 形坑增强空穴注入"模型，V 形坑的密度和大小与空穴注入密切相关，进而影响 LED 的 IQE。因此，研究 V 形坑的密度和大小对改善 LED 性能非常重要。文献[62]对两个系列进行了模拟和计算。一个系列是针对固定尺寸的不同密度的 V 形坑（系列 A），另一个系列是针对具有固定密度而尺寸不同的 V 形坑（系列 B）。计算得出的 IQE 曲线表明，随着 V 形坑的密度和尺寸的增加，IQE 先增大后降低。计算结果与报告论文的实验结果吻合良好[63-64]。这两个系列的 IQE 变化趋势基本相似，这暗示着 V 形坑的密度和大小对 IQE 的影响同样重要。在电流密度为 35 A/cm² 的情况下，根据计算结果，IQE 与 V 形坑面积占比（V 形坑的面积与最后一个 QW 的面积的比值）的关系如图 1-14 所示。在这两个系列的计算中，V 形坑面积占比及其密度对 IQE 的影响几乎相同，这表明 V 形坑面积占比及密度是影响 IQE 的关键因素。计算结果表明，在电流密度为 35 A/cm² 时，使 IQE 最高的 V 形坑面积占比的最佳值约为 50%。因为 V 形坑是由位错引起的，且 V 形坑密度存在最佳值，所以位错密度也存在最优值，这与传统的观点相反，这是具有高位错密度的 InGaN 基 LED 仍然具有高发光效率的主要原因，特别是对在 Si 衬底上生长的 LED 而言。应当注意，以上结果是从基于两个假设的模型中获得的，两个假设中一个是 V 形坑均匀分布，另一个是所有 V 形坑的尺寸都相同。但是实际上，在 LED 器件结构中要实现这两个假设是非常困难的。因此，在实际器件中，V 形坑对空穴注入的增强作用会减弱，从而导致实际的 V 形坑面积占比最佳数据远小于理论值（50%）。但是，模拟结果为我们指出了提高 GaN 基 LED 性能的未来发展方向之一：在器件中获得相同尺寸且均匀分布的 V 形坑。

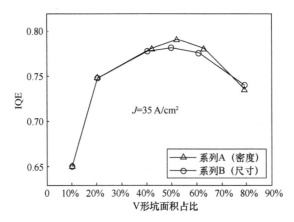

图 1-14　两个系列的 IQE 与 V 形坑面积占比的关系

综上所述，V 形坑除了能屏蔽位错，还可以促进空穴的注入，进而提高 LED 的 IQE。目前，许多研究都集中在 V 形坑对位错的屏蔽作用，而 V 形坑对空穴注入的作用只是最近才开始受到关注。这对器件性能至关重要，值得深入研究。

1.2　硅衬底 LED 芯片的制造与封装

大多数 GaN 基 LED 均生长在蓝宝石、SiC 或 Si 衬底上。其中，蓝宝石和 SiC 衬底化学性质稳定且机械性能坚韧，难以被去除，因此经常被加工成水平结构。对于 Si 衬底 GaN 基 LED，通过湿法刻蚀很容易去除衬底，因此一般将其制备成为垂直结构。

Si 衬底 GaN 基 LED 的垂直结构芯片制作工艺过程如图 1-15 所示：（a）Si 衬底 GaN 基 LED 外延结构生长，（b）在 P 型 GaN 表面制作 P 型反射镜，（c）通过金属键合技术将 P 型 GaN 表面键合到新的导电衬底上，（d）通过湿法刻蚀将原始的 Si 衬底去除，暴露出 N 型 GaN，（e）通过湿法刻蚀使 N 型 GaN 粗化以增强出光，（f）最后制备 n 电极[65]，完成芯片加工。

垂直结构 LED 芯片的制造过程采用了水平结构 LED 芯片制造中使用的许多通用技术，在此不再赘述。下面将重点介绍垂直结构 LED 芯片制作工艺过程中使用的一些特殊技术。

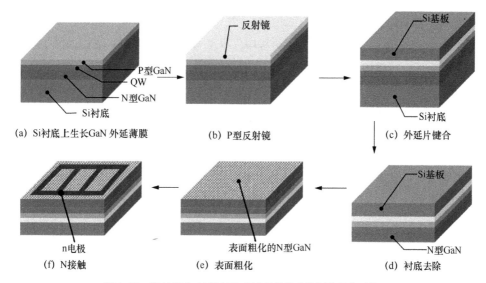

图 1-15 Si 衬底 GaN 基 LED 垂直结构的芯片制作工艺过程

1.2.1 反射镜 P 型欧姆接触

LED 的发光效率主要由两个因素决定，IQE 和光提取效率。由于 Si 可以吸收从 QW 发出的大量可见光，因此经常在 P 型 GaN 和硅衬底之间放置一个反射镜以提高光提取效率。在垂直结构 LED 中，电流垂直地流过硅衬底，因此在 P 型 GaN 和硅衬底之间的反射镜不仅用作反射层，而且用作 P 型欧姆接触层。

P 型 GaN 的空穴浓度低且功函数高（7.1 eV），因此很难制作低电阻率的 P 型欧姆接触。选用 P 型欧姆接触材料的时候需要考虑材料的反射率和电阻率两个参数。对于可见光，Ag 的反射率虽然比较高，但其功函数仅为 4.3 eV，因此 Ag 很难与 P 型 GaN 形成良好的 P 型欧姆接触。为了解决这个问题，在 P 型 GaN 表面上先沉积一层很薄的高功函数（5.2 eV）的 Ni，这样在 P 型 GaN 上就很容易形成欧姆接触，然后在 Ni 上方再沉积高反射率的 Ag 作为反射层。

在这个过程中，对 Ni 的厚度必须进行精确控制。Ni 如果太薄，则难以形成欧姆接触，导致电阻率过高；如果太厚，则 Ni 会吸光并降低反射率。这层很薄的 Ni 通常是采用电子束蒸发沉积获得的，这种方法很难精确控制 Ni 的厚度。我们提出了一种称为"牺牲 Ni"的新技术来提高反射率并降低电阻率[66]。顾名思义，"牺牲"是沉积一层 Ni，然后再去除它。首先，在 P 型 GaN 表面上沉积相对较厚的 Ni 层，并在 N$_2$ 环境中进行退火以形成欧姆接触，然后通过湿法刻蚀去除原始的 Ni 层，最后沉积 Ag 反射镜。在"牺牲 Ni"过程中，少量 Ni 原子扩散到 P 型 GaN 中，并在退火过程中形成欧姆接触，大多数的 Ni 原子被去除以确保高反射率。

1.2.2　互补电极

由于在 Si 衬底上生长的 GaN 受到较大的拉应变，因此外延层的厚度不能太厚，通常为 2～3 μm。与 LED 芯片数百微米的宽度和长度相比，厚度很小，因此侧面发光可以忽略。大部分光将从 N 型 GaN 表面发出。N 接触层沉积在 N 型 GaN 表面上会引起两个问题：电流拥挤和电极挡光。如图 1-16（a）所示，在传统的 LED 结构中，电流倾向于沿着电阻最低的路径流动，因此大部分电流将集中在 n 电极下方，这被称为电流拥挤。电流拥挤通常在 n 电极下方产生，因此大多数光将从 n 电极下的 QW 区域发出，但是从该区域发出的光将被 n 电极挡住而无法正常出射，这被称为电极挡光。电流拥挤和电极挡光将在很大程度上影响 IQE 以及光提取效率，从而影响垂直结构 LED 的性能。

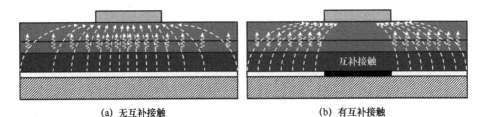

(a) 无互补接触　　　　　　　　　　(b) 有互补接触

图 1-16　不同 n 电极结构的垂直结构的 GaN 基 LED 中的光提取和电流扩散示意图

为解决电流拥挤和电极挡光的问题，我们设计了一种新的电极结构——互补电极[67]。如图 1-16（b）所示，我们在 P 型 GaN 表面制备了与 n 电极具有相同几何形状的高接触电阻层，这就是互补电极。高接触电阻层可以通过沉积 SiO$_2$ 或 Si$_3$N$_4$ 等介电材料来生成，在 P 型 GaN 和 p 电极之间形成高电阻介质，但不影响光反射。电流不从 n 电极下的区域流走，并在 PN 结上更均匀地分布，从而缓解了电流拥挤的情况。由于没有电流流过 n 电极下的区域，n 电极下的区域将不会发光，因此几乎没有光会被 n 电极挡住。

LED 器件的实验结果表明，互补电极可有效提高光提取效率。通过互补电极，可以将光提取效率提高 10%～40%；实际值取决于 n 电极面积与芯片面积的比。

1.2.3　薄膜转移技术

在 Si 衬底上生长的 GaN 基 LED 的外延结构与在蓝宝石衬底上生长的外延结构相同。但是它不能像蓝宝石衬底上的 LED 一样加工成水平结构，因为如果薄膜不转移，Si 衬底的光吸收会导致光提取效率非常低。如果我们使用反射镜技术，并将外延薄膜转移到新的衬底上，则可以大大提高光提取效率。

制备具有高反射率的互补 p 电极之后，可以进行薄膜转移。薄膜转移主要包括两个步骤，即将外延薄膜附着到新的衬底上，然后通过湿法刻蚀去除原来的 Si 衬底。

通过热键合或电镀将准备好的外延薄膜附着到新的衬底上。在热键合中，先将键合介质分别沉积在外延薄膜表面和衬底表面上，然后在高温条件下施加高压，键合介质扩散到两边形成连续相，将外延薄膜和衬底结合在一起。键合介质和衬底都具有一些特殊性能。例如：具有良好的机械性能，可以保持结构稳定；具有高的导热性和导电性，可以传导热和电；具有良好的化学稳定性，可以抵抗芯片制造过程中的化学腐蚀；具有与 GaN 薄膜匹配的热膨胀系数，使 GaN 薄膜具有低热应变。

键合介质必须具有良好的粘合性才能将薄膜附着到衬底上。Si 具有良好的导电性、导热性、化学稳定性和与 GaN 匹配的热膨胀系数，是一个比较合适的衬底材料。被用作 LED 传输载体的金属，人们通常希望它具有出色的导电性、导热性和低廉的价格。Au 是一种很合适的键合介质，在粘合性、导电性、导热性以及化学稳定性方面具有优异的性能。Au 虽然成本高，但是已经被广泛地用作半导体制造中的键合介质。为了降低成本，使用 Au 重量百分比为 10%～90% 的 Au-Sn 合金代替 Au 作为键合介质。

Au-Sn 合金具有另一个优点：合金成分达到 Au-Sn 系统的共晶点可以大大降低键合温度。尽管 Au-Sn 合金可以在一定程度上降低生产成本，但其价格仍然过高。使用基础金属作为结合介质来开发扩散键合技术。扩散键合的原理基于可混溶金属的扩散：两块表面光滑的金属放在一起，在高温高压条件下，他们的原子将彼此扩散并形成连续的界面。

如图 1-17 所示，制备 Ag 反射镜后，在 Ag 反射镜上方依次沉积 3 层金属，分别是扩散阻挡层、键合层和扩散层。Ag 反射镜上方的扩散阻挡层用于防止金属从键合层扩散到 Ag 反射镜。通常以高熔点金属（如 Cu、Mo 或 Au）形式存在的键合层起着溶剂的作用。扩散层通常以低熔点金属（如 In 或 Sn）充当溶质，将表面被键合层覆盖的新的硅衬底附着到沉积了好多层金属的外延层上。在适当的压力和温度下，扩散层和键合层中的原子将相互扩散，最终形成连续的合金相。

(a) 蒸镀了键合层的Si基板

(b) 蒸镀了反射镜、扩散阻挡层、键合层以及扩散层的外延片

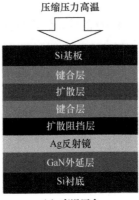

(c) 高温压合

(d) 扩散层向两边的键合层扩散、融合成为合金键合层

图 1-17　GaN 基垂直结构 LED 芯片制作工艺中的键合过程示意图

在完成键合工艺之后，可以通过湿法刻蚀去除原始的 Si 衬底。Si 的湿法刻蚀是集成电路工业中非常成熟的技术，已有各向异性湿法刻蚀和各向同性湿法刻蚀两种方式。Si 的各向异性湿法刻蚀设计是为了产生诸如拐角、凹槽或沟槽之类的形状，这些湿法刻蚀设计将在后面的表面粗化处理中使用和讨论。在去除 Si 衬底的过程中，经常使用 HNO_3/HF 水溶液对 Si 进行各向同性湿法刻蚀。刻蚀机理包括两个步骤：首先用 HNO_3 水溶液将 Si 氧化成 SiO_2，然后用 HF 水溶液溶解 SO_2。相关反应的化学方程式如下。

$$Si + 4HNO_3 \rightarrow SiO_2 + 4NO_2 \uparrow + 2H_2O$$
$$SiO_2 + 6HF \rightarrow H_2SiF_6 + 2H_2O$$

一层薄的金覆盖表面可以在刻蚀过程中保护新的 Si 衬底，并去除原始的 Si 衬底。然后，GaN 薄膜由新的 Si 衬底承载。N 型 GaN 和 P 型 GaN 的位置上下颠倒，N 型 GaN 暴露在空气中。

1.2.4　N 极性 N 型 GaN 的表面粗化

在 GaN 基 LED 中，由于 GaN 的全反射角非常小，所以光很难全部发射出去。尽管在 P 型 GaN 的背面制作了反射镜，但光提取效率仍不是很高。通常的方法是使 N 型 GaN 的表面粗化以增加光发射出去的机会。

通常，在 Si 衬底上生长的 GaN 外延薄膜具有 Ga 极性。在前面提到过，在芯片制造过程中，外延薄膜被转移到一个新的衬底上，其 N 型 GaN 表面暴露在空气中，表明顶面是 N 极性的。极性变化为表面粗化提供了一个很好的机会。Ga 极性表面在室温下可抵抗大多数化学物质的腐蚀，但是 N 极性 GaN 很容易与碱性腐蚀液中的水发生反应，相关反应的化学方程式如下。

$$2GaN + 3H_2O \xrightarrow{\quad OH^- \quad} 2Ga_2O_3 + 2NH_3 \uparrow$$

根据上述反应，GaN 与水的反应不具有极性依赖性。但实际上，Ga 原子受到羟基（OH-）的攻击，然后与水反应生成 Ga_2O_3 和羟基。湿法刻蚀的极性依赖性可以归因于键结构的差异[68]。如图 1-18 所示，在 N 极性 GaN 中，每个氮原子都具有一个垂直于表面的悬挂键，羟基自由地侵蚀 Ga 原子，从而形成六棱锥状的刻蚀表面。在 Ga 极性 GaN 中，每个氮原子都延伸出 3 个悬挂键，覆盖它们下面的 Ga 原子。羟基通过负电荷的悬挂键与 Ga 原子相排斥，因此 Ga 极性 GaN 可以抵抗碱性刻蚀。

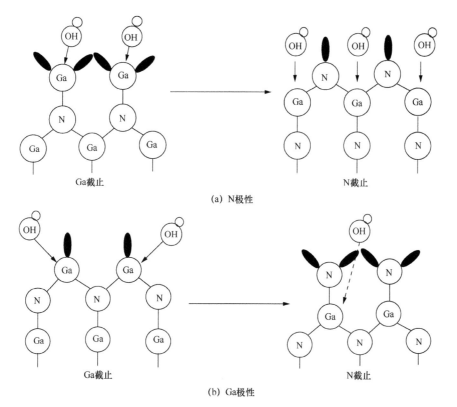

(a) N极性

(b) Ga极性

图 1-18 不同极性的 GaN 腐蚀

图 1-19 所示为 N 极性 GaN 被 KOH 溶液腐蚀后的扫描电子显微镜（Scanning Electron Microscopy，SEM）图像，N 极性 GaN 表面均呈现六边形的金字塔图形。六棱锥的面都是 $\{10\bar{1}0\}$。可以看到，金字塔的大小不同，并不是很均匀，这可能与缺陷分布有关。

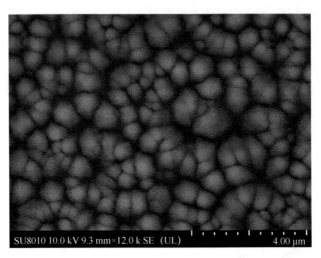

SU8010 10.0 kV 9.3 mm×12.0 k SE (UL)   4.00 µm

图 1-19　N 极性 GaN 被 KOH 溶液腐蚀后的 SEM 图像

如果表面粗糙，则经过几轮反射后，光很可能从金字塔发射到空气中。带有反射镜的硅衬底垂直结构 LED 经过表面粗化处理，其光提取效率可以提高 30%～50%；如果没有反射镜，则光提取效率可以更高。

1.2.5　N 极性 N 型 GaN 上的欧姆接触

极性变化虽然很容易通过表面粗化来提高光提取效率，但也给 n 电极制造带来了困难。在水平结构 LED 中，使用 Al-基或 Ti-基金属非常容易在 Ga 极性 N 型 GaN 上形成欧姆接触。然而在垂直结构 LED 中，由于在 N 极性 GaN 表面上形成了 V_{Ga}-O_N 络合物，难以在 N 极性 N 型 GaN 上获得欧姆接触[69]，相关化学方程式如下。

$$O + V_N \rightarrow O_N$$

$$V_{Ga} + O_N \rightarrow V_{Ga}\text{-}O_N$$

V_{Ga}-O_N 的形成不仅消耗 V_N，而且 V_{Ga}-O_N 还充当受主来补偿施主缺陷 V_N，降低电子浓度并导致欧姆接触不良。n 电极沉积之前，用 Ar 等离子体处理表面可以提高

N 极性 N 型 GaN 欧姆接触的稳定性。Ar 等离子体处理可以显著增加 V_N 浓度，并且 V_{Ga}-O_N 的存在将不再影响表面的电子浓度。因此，借助 Ar 等离子体处理，可以很容易在 N 极性 N 型 GaN 上形成欧姆接触[70]。

1.2.6　钝化

可靠性对于商用 LED 非常重要，提高电子器件可靠性的最有效的方法是钝化。通过钝化层的保护，LED 可以免受表面复合和外来原子扩散的影响。

图 1-20 所示为 4 个不同钝化类型垂直结构 LED 的示意图。如图 1-20（a）所示，在没有钝化的情况下，电子和空穴在器件表面发生复合，降低了辐射复合效率[71]；Na^+ 等外来离子可能会扩散到有源区中，引起电流泄漏；H 原子可能扩散到 P 型 GaN 中[72]，导致 P 型 GaN 降解。如图 1-20（b）所示，用 SiO_2 介电材料对侧壁进行钝化可以保护器件关键区域——QW。如图 1-20（c）所示，钝化侧壁和 N 型 GaN 表面，钝化整个表面可以提供更好的保护。但是钝化层的质量和厚度应适当控制，以避免影响光提取效率[73]。如图 1-20（d）所示，除了 N 型 GaN 表面和侧壁，也可以在 P 型 GaN 表面的边缘制作钝化层[74]。通过这种设计，电流不从侧壁表面流走，进一步防止了 GaN/SiO_2 界面处载流子的复合。同时，可以大大降低泄漏电流。

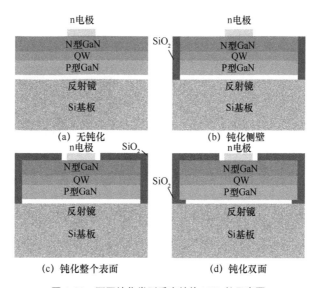

图 1-20　不同钝化类型垂直结构 LED 的示意图

|1.3 硅衬底 LED 器件的性能与特点 |

Si 衬底 GaN 基垂直结构 LED 具有一些与常规水平结构 LED 不同的独特功能，比如均匀的电流扩展、出色的导热性和单面出光，促进 GaN 基 LED 的飞速发展。

如图 1-21（a）所示，对于 n 电极和 p 电极都在同一侧的典型水平结构 LED，电流向下流过 QW，然后横向流向 n 电极，电流大部分集中在 n 电极下。不均匀的电流将在很大程度上影响 LED 的性能，它会提高工作电压，导致局部区域过热，并降低 LED 的可靠性。在高电流密度下，LED 的性能会变得更糟。而在垂直结构的 LED 中（如图 1-21（b）所示），n 电极和 p 电极位于相对应的两侧，电流垂直通过 QW 流向 n 电极，电流路径是对称的。适当的 n 电极设计可以使电流在整个 QW 区域中的分布非常均匀，并且可以避免电流拥挤。证明 LED 的电流扩展性能的一种简单方法是测量其电流密度–电压（I-V）曲线。通常，更好的电流扩展性能可以使器件在高电流密度下获得较低的正向电压。

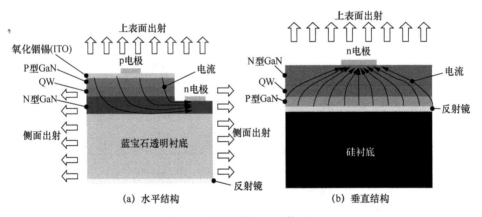

图 1-21 不同结构的 GaN 基 LED

两种结构 LED 的 I-V 曲线如图 1-22 所示，实线为蓝宝石衬底水平结构 LED 的曲线，虚线为 Si 衬底垂直结构 LED 的曲线。显然，垂直结构 LED 在每个电流密度下都具有较低的电压。并且，当电流密度增加时，两种结构 LED 电压的差距变大，这种现象主要归因于电流扩展性能的差异。通常，LED 的电流扩展性能越好，工作电压就越低。

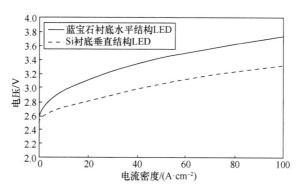

图 1-22　两种结构 LED 的 I-V 曲线

导热性是 LED 器件的一个重要性能。尽管 LED 的效率较高，但仍有百分之几十的能量以热的形式损失。热量如果不能迅速散走，则会在器件内部积累使结温升高。随着温度升高，LED 的效率会下降，同时，LED 的可靠性也会受到很大影响，因为 LED 器件在较高温度下容易出现故障。因此，对于 LED 而言，保持相对较低的温度非常重要，这需要 LED 具有良好的导热性。如图 1-21（a）所示，传统水平结构 LED 的背面具有厚的蓝宝石衬底，热量通过衬底传导出去。蓝宝石的热导率相对较低（45 W/mK），在高电流密度下，结温会很快升高，导致 LED 的可靠性很差，电流分布不均匀时，这个问题会更严重。对于垂直结构 LED，热量流过硅衬底被导走。因此，水平结构 LED 不适合大功率应用，一种解决方案是采用"倒装芯片"结构。倒装芯片结构减少了热扩散长度，并使 GaN 直接与热沉接触，从而大大降低结温。借助倒装芯片结构，蓝宝石衬底 LED 可用在大功率市场。

硅衬底具有更高导热率（150 W/mK），是蓝宝石导热率的 2 倍，Si 衬底上的 LED 可以获得更低的结温。结合良好的电流扩展性能，垂直 LED 结构可以在更高电流密度下使用。图 1-23 展示了尺寸为 0.1 mm² 的垂直薄膜 LED 芯片在各种电流密度下工作的发光强度。器件的发光强度在电流密度高达 1 000 A/cm² 时仍没有明显的衰减。

通过测量水平结构和垂直结构两种 LED 的结温来评估两者的导热能力，该测量基于 IV 测试方法[75]。图 1-24 绘制了两种结构 LED 在环境温度下工作，在不同电流密度下的结温。在电流密度为 5 A/cm² 时，垂直结构 LED 的结温为 40℃，略低于水平结构 LED 的结温。随着电流密度的增加，两种结构 LED 的结温都会升高。当电流密度增加到 100 A/cm² 时，垂直 LED 的结温为 85℃，而水平 LED 的结温为 102℃。

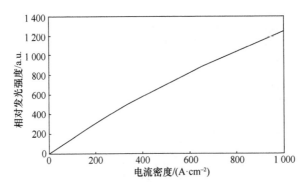

图 1-23　垂直薄膜 LED 芯片的发光强度与电流密度的关系

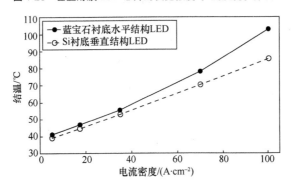

图 1-24　两种结构 LED 的结温随电流密度的变化

　　垂直结构 LED 的另一个优点体现在光提取模式方面。如图 1-21（a）所示，由于蓝宝石衬底是透明的，并且厚度约为 70 μm，因此将有大量的光从蓝宝石这边发出。除了底面，有 5 个面可以作为发光面。例如，在白光应用中，由于光从多个面发出，因此将荧光粉涂敷到 LED 上很难使 LED 发出均匀的白光。如图 1-25（a）所示，在不同的视角下，蓝宝石衬底水平结构荧光粉转化后的白光 LED 光谱不一致。黄光部分在不同的视角上是不同的，这将导致色温不均匀。对于外延薄膜厚度仅约为 2 μm 的薄膜垂直结构，几乎所有的光都从顶面发出。因此，很容易控制 LED 应用中的光。如图 1-25（b）所示，垂直结构荧光粉转化后的白光 LED 发出的光在任何方向上的光谱几乎相同。

　　从垂直结构 LED 发出的光是高度定向的，通过简单的光路设计，它可以长距离平行传播。图 1-26（a）所示的是摄像机记录的垂直结构 LED 在 5 m 距离内的白光投影。可以看出，光斑非常均匀，边界非常清晰。相比之下，水平结构 LED 的白光投影不均匀且边界模糊，如图 1-26（b）所示。

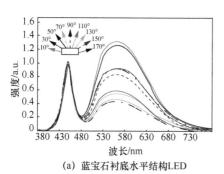
(a) 蓝宝石衬底水平结构LED

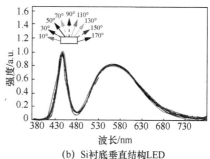
(b) Si衬底垂直结构LED

图 1-25　两种结构的白光 LED 在不同视角下的光谱

(a) Si衬底垂直结构LED　　　　(b) 蓝宝石衬底水平结构LED

图 1-26　两种结构的白光投影

　　总之，Si 衬底垂直结构 LED 具有其独特的性能，结合良好的电流分布和出色的导热性，可以制作成在高电流密度下工作的高功率器件。由于单面出光，Si 衬底垂直结构 LED 具有高定向发光，因此可用于定向照明应用，如投影仪、头灯和汽车灯。

1.4　硅衬底 LED 在光通信中的应用前景

　　LED 照明白光光源用于光通信领域，在保持 LED 光源高光品质、高电光转换效率的前提下，兼顾 LED 芯片可高速调制特性，是可见光通信收发一体化照明级高速 LED 系统的关键基础技术之一。首先，从 LED 白光的产生方式评判，蓝光 LED 芯片激发黄色荧光粉合成的白光，只含有蓝和黄两种光，光品质极差，并且只有单通道蓝光能被用于通信调制，无法满足高性能照通两用 LED 光源的要求。因此，多基色 LED 芯片合成白光是照通两用 LED 光源的首选。另外，作为通信用 LED 模块光源，必须具备良好的光分布，易于进行二次光学设计和应用。具有金属反射镜的垂直结构 LED 薄膜芯片的发光分布具有准朗伯光斑特性，易于准直和二次光学设计应用，较水平结构 LED 厚膜芯片具有明显优势。

为了提高光色品质、拓宽通信带宽，越来越多的可见光通信 LED 光源研究从蓝光激发荧光粉的白光转向红绿蓝（Red-Green-Blue，RGB）3 种芯片配光的 RGB-LED 光源，它能提供更宽的调制带宽，可在 3 种颜色的光波上通过波分复用的方式提高信道容量，调制出不同的数据并行传输，并在接收端通过各颜色的滤波片或者多个不同波长响应的探测器分别接收 3 种颜色，从而有效提高传输效率。但是三基色 RGB-LED 组合而成的白光，其光谱在青光、黄光、橙光、红光波段是缺失的，难以满足高质量照明、还原真彩色的需求。多基色 LED 芯片实现的无荧光粉全光谱白光 LED 器件，其光谱包含蓝光、青光、绿光、黄光和红光，在通信时具有更高的调制带宽，在照明时提供更高的光品质。多色 LED 驱动编码如图 1-27 所示，不同颜色 LED 可分别单独进行编码驱动，成倍率地扩展了通信带宽。

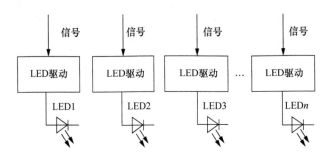

图 1-27　多色 LED 驱动编码

实现高品质 LED 光源照明功能的主要任务是大幅提升黄光、绿光 LED 的发光效率（尤其是黄光）。这种黄光、绿光发光效率远低于蓝光、红光发光效率的现象被称为"绿光鸿沟"问题。可见，获得高发光效率的黄光、绿光 LED 是采用多基色 LED 芯片实现无荧光粉全光谱白光 LED 器件的关键。其中，高发光效率黄光 LED 芯片制造技术是极富挑战性的世界难题，也是我国 LED 照明技术全面超越国外、引领国际的突破口之一。

适合高质量、高 In 组分、厚 InGaN 材料生长的 MOCVD 设备的成功研制，结合 Si 衬底 GaN 薄膜张应力下易于高 In 组分生长的天然优势，通过装备和工艺的集成创新，我们在 GaN 基黄光 LED 研发方面取得了突破，功率型黄光 LED 电光转换效率已达到 26%以上（20 A/cm²），黄光 LED 的发光效率也已超过 100 lm/W。集合蓝光、青光、绿光、黄光和红光 LED 芯片的全光谱光色可调的高品质健康固态照明市场已然形成。多芯片光源可同时对各色芯片进行调制，应用于可见光通信，极大地拓宽可见光源的调制带宽。因此，Si 衬底 GaN 基 LED 技术将在兼顾高品质照明和高速光通信的照通两用光源领域具有独特的优势。

近年来，可见光通信技术应用于水下通信，通常有激光二极管和 LED 两种光源。激光二极管由于有更高的功率密度，可以在点对点场景中支持更长距离的传输，但需要发射器和接收器精准对齐。与激光二极管相比，LED 发光具有更大的发散性，可以应用于点对点和点对多的短距离通信，并且由于 LED 发光的非相干性，LED 发光不会受到闪烁效应的影响。此外，LED 相对激光二极管更便宜，可以进行大规模阵列集成，实现数百瓦的高功率单灯照明。相对于蓝宝石衬底和 SiC 衬底 InGaN 基发光二极管器件，Si 衬底 LED 更易于剥离制造成具有反射镜的垂直结构单面出光的薄膜芯片，器件具有更好的导热性且易于进行二次光学聚焦，因此在可见光通信领域的应用具有更大优势。典型 Si 衬底 InGaN/GaN 基 LED 外延层结构和芯片结构如图 1-28 所示。

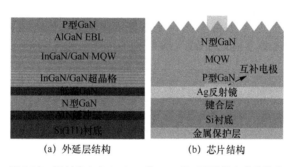

（a）外延层结构　　　（b）芯片结构

图 1-28　Si 衬底 InGaN/GaN 基 LED 外延层结构和芯片结构

图 1-29 所示为应用于短距离水下光通信验证研究的多芯片封装的 LED 光源，包括 1 颗 457 nm 蓝光、1 颗 486 nm 青光、1 颗 521 nm 绿光、2 颗 562 nm 黄光和 1 颗 623 nm 红光 5 种颜色的 LED 芯片，其中红光芯片为 AlGaInP 材料体系，其余 4 种颜色芯片均为 Si 衬底 AlGaInN 材料体系。所有 LED 均为 P 型 GaN 表面朝下的垂直结构芯片，通过 Ag 浆固定到封装支架的热沉上，n 电极采用 Au 线引出至单独管脚。p 电极与底座直接导通，为共阳极封装，每个芯片可以通过阴极进行单独驱动控制。

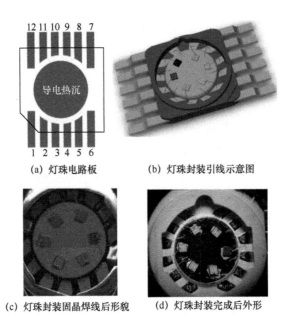

(a) 灯珠电路板 (b) 灯珠封装引线示意图

(c) 灯珠封装固晶焊线后形貌 (d) 灯珠封装完成后外形

图 1-29 应用于水下光通信的 Si 衬底五基色 LED 灯珠封装结果示意图

图 1-30 所示为采用上述多基色 LED 芯片的 LED 白光光源在 1.2 m 长的水下通道通过 64 正交振幅调制-离散多音频（Quadrature Amplitude Modulation-Discrete Multi Tone，QAM-DMT）和比特加载（Bit-Loading）-DMT 调制技术进行数据传输的实验验证平台系统。

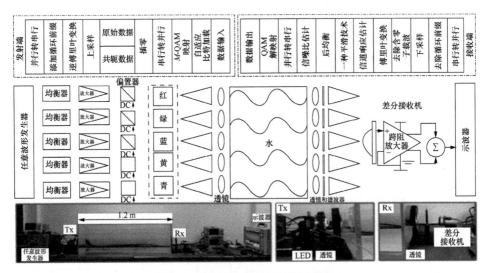

图 1-30 水下光通信实验验证平台系统

由于实验所用光源由 6 个可单独控制的 LED 芯片组成,系统工况需在数据传输速率和照明质量之间进行平衡。如图 1-31（a）和图 1-31（b）所示,当以数据传输速率优先时,光源的显色指数（Color Rendering Index,CRI）为 85.4,相关色温（Correlated Color Temperature,CCT）为 32 800 K,相应红光、绿光、蓝光、黄光和青光 LED 芯片的驱动电流分别为 100 mA、180 mA、160 mA、180 mA 和 180 mA。图 1-31（a）中三角形和方形分别表示数据传输速率优先和照明品质优先工况下的 5 种颜色 LED 的色坐标,（ⅰ）和（ⅱ）分别表示这两种工况下的混合光的色坐标。当以照明质量优先时,光源的 CRI 为 81.5,CCT 为 5 880 K,相应红光、绿光、蓝光、黄光和青光 LED 芯片的驱动电流分别为 140 mA、40 mA、60 mA、80 mA 和 200 mA。在最优照明质量工况下,获得了 14.81 Gbit/s 64QAM-DMT（如图 1-31（c）所示）和 15.17 Gbit/s Bit-Loading-DMT（如图 1-31（d）所示）的数据传输速率,表明 Si 衬底多基色 LED 芯片白光光源在光通信领域具有较大的优势和潜力。

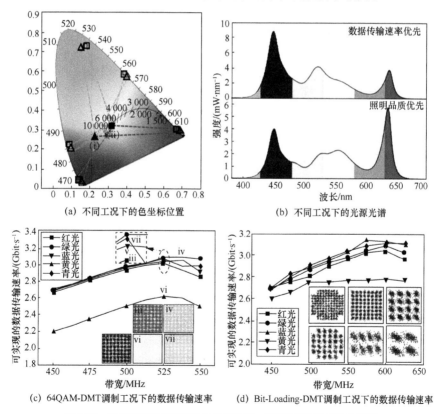

　　　　　　（a）不同工况下的色坐标位置　　　　　　　　　（b）不同工况下的光源光谱

　　（c）64QAM-DMT调制工况下的数据传输速率　　（d）Bit-Loading-DMT调制工况下的数据传输速率

图 1-31　系统在不同工况下的色坐标位置、光源光谱和数据传输速率

| 参考文献 |

[1] CHU T L J. Gallium nitride films[J]. Journal of the Electrochemical Society, 1971, 118(7): 1200-1203.

[2] JIANG F, WANG L, WANG X, et al. High power InGaN-based blue LEDs grown on Si substrates by MOCVD[C]//The 8th International Conference on Nitride Semiconductors. New York: ACM, 2009(1): 82-83.

[3] MARUSKA H P, TIETJEN J J. The preparation and properties of vapor-deposited single-crystal-line GaN[J]. Applied Physics Letters, 1969, 15(10): 327-329.

[4] KOZAWA T, KACHI T, KANO H, et al. Thermal stress in GaN epitaxial layers grown on sapphire substrates[J]. Journal of Applied Physics, 1995, 77(9): 4389-4392.

[5] DADGAR A, BLÄSING J, DIEZ A, et al. Metalorganic chemical vapor phase epitaxy of crack-free GaN on Si(111) exceeding 1 μm in thickness[J]. Japanese Journal of Applied Physics, 2000, 39(11B): L1183-L1185.

[6] JIANG F Y, LIU J L, WANG L, et al. High optical efficiency GaN based blue LED on silicon substrate[J]. Scientia Sinica Physica, Mechanica & Astronomica, 2015, 45(6): 067302.

[7] BUTTER E, FITZL G, HIRSCH D, et al. The deposition of group III nitrides on silicon substrates[J]. Thin Solid Films, 1979, 59(1): 25-31.

[8] ISHIKAWA H, YAMAMOTO K, EGAWA T, et al. Thermal stability of GaN on (111) Si substrate[J]. Journal of Crystal Growth, 1998, 189(11): 178-182.

[9] TAKEUCHI T, AMANO H, HIRAMATSU K, et al. Growth of single crystalline GaN film on Si substrate using 3C-SiC as an intermediate layer[J]. Journal of Crystal Growth, 1991, 115(1): 634-638.

[10] KOBAYASHI N P, KOBAYASHI J T, DAPKUS P D, et al. GaN growth on Si(111) substrate using oxidized AlAs as an intermediate layer[J]. Applied Physics Letters, 1997, 71(24): 3569-3571.

[11] WANG L S, LIU X L, ZAN Y D, et al. Wurtzite GaN epitaxial growth on a Si(001) substrate using γ-Al$_2$O$_3$ as an intermediate layer[J]. Applied Physics Letters, 1998, 72(1): 109-111.

[12] BOO J H, ROHR C, HO W. MOCVD of BN and GaN thin films on silicon: new attempt of GaN growth with BN buffer layer[J]. Journal of Crystal Growth, 1998, 189: 439-444.

[13] CALLEJA E, SÁNCHEZ-GARCíA M A, SÁNCHEZ F J, et al. Growth of III-nitrides on Si(111) by molecular beam epitaxy doping, optical, and electrical properties[J]. Journal of Crystal Growth, 1999, 201: 296-317.

[14] WATANABE A, TAKEUCHI T, HIROSAWA K, et al. The growth of single crystalline GaN on a Si substrate using AIN as an intermediate layer[J]. Journal of Crystal Growth, 1993, 128(1): 391-396.

[15] YANG J W, LUNEV A, SIMIN G, et al. Selective area deposited blue GaN-InGaN multiple-quantum well light emitting diodes over silicon substrates[J]. Applied Physics Letters, 2000, 76(3): 273-275.

[16] NIKISHIN S A, FALEEV N N, ANTIPOV V G, et al. High quality GaN grown on Si(111) by gas source molecular beam epitaxy with ammonia[J]. Applied Physics Letters, 1999, 75(14): 2073-2075.

[17] SANCHEZ-GARCIA M A, CALLEJA E, MONROY E, et al. The effect of the III/V ratio and substrate temperature on the morphology and properties of GaN- and AlN-layers grown by molecular beam epitaxy on Si(111)[J]. Journal of Crystal Growth, 1998, 183(1): 23-30.

[18] CHEN P, ZHANG R, ZHAO Z M, et al. Growth of high quality GaN layers with AlN buffer on Si(111) substrates[J]. Journal of Crystal Growth, 2001, 225(2): 150-154.

[19] DADGAR A, POSCHENRIEDER M, BLÄSING J, et al. MOVPE growth of GaN on Si(111) substrates[J]. Journal of Crystal Growth, 2003, 248(10): 556-562.

[20] LAHRÈCHE H, VENNÉGUÈS P, TOTTEREAU O, et al. Optimisation of AlN and GaN growth by metalorganic vapour-phase epitaxy (MOVPE) on Si(111)[J]. Journal of Crystal Growth, 2000, 217(1): 13-25.

[21] ZAMIR S, MEYLER B, ZOLOTOYABKO E, et al. The effect of AlN buffer layer on GaN grown on (111)-oriented Si substrates by MOCVD[J]. Journal of Crystal Growth, 2000, 218(2): 181-190.

[22] LIU R, PONCE F A, DADGAR A, et al. Atomic arrangement at the AlN/Si (111) interface[J]. Applied Physics Letters, 2003, 83(5): 860-862.

[23] SAKAI A, SUNAKAWA H, USUI A. Defect structure in selectively grown GaN films with low threading dislocation density[J]. Applied Physics Letters, 1997, 71(16): 2259-2261.

[24] KUNG P, WALKER D, HAMILTON M, et al. Lateral epitaxial overgrowth of GaN films on sapphire and silicon substrates[J]. Applied Physics Letters, 1999, 74(4): 570-572.

[25] HONDA Y, KUROIWA Y, YAMAGUCHI M, et al. Growth of GaN free from cracks on a (111)Si substrate by selective metalorganic vapor-phase epitaxy[J]. Applied Physics Letters, 2002, 80(2): 222-224.

[26] DADGAR A, POSCHENRIEDER M, REIHER A, et al. Reduction of stress at the initial stages of GaN growth on Si(111)[J]. Applied Physics Letters, 2003, 82(1): 28-30.

[27] ZHELEVA T S, NAM O H, BREMSER M D, et al. Dislocation density reduction via lateral epitaxy in selectively grown GaN structures[J]. Applied Physics Letters, 1997, 71(17): 2472-2474.

[28] NAM O H, BREMSER M D, ZHELEVA T S, et al. Lateral epitaxy of low defect density GaN layers via organometallic vapor phase epitaxy[J]. Applied Physics Letters, 1997, 71(18): 2638-2640.

[29] CONTRERAS O, PONCE F A, CHRISTEN J, et al. Dislocation annihilation by silicon delta-doping in GaN epitaxy on Si[J]. Applied Physics Letters, 2002, 81(25): 4712-4714.

[30] CANTU P, WU F, WALTEREIT P, et al. Si doping effect on strain reduction in compressively

strained Al0.49Ga0.51N thin films[J]. Applied Physics Letters, 2003, 83(4): 674-676.

[31] FOLLSTAEDT D M, LEE S R, ALLERMAN A A, et al. Strain relaxation in AlGaN multilayer structures by inclined dislocations[J]. Journal of Applied Physics, 2009, 105(8): 307-258.

[32] LEUNG B, HAN J, SUN Q, et al. Strain relaxation and dislocation reduction in AlGaN step-graded buffer for crack‑free GaN on Si(111)[J]. Physica Status Solidi (c), 2014: 437-441.

[33] CHENG K, LEYS M, DEGROOTE S, et al. Flat GaN epitaxial layers grown on Si(111) by metalorganic vapor phase epitaxy using step-graded AlGaN intermediate layers[J]. Journal of Electronic Materials, 2006, 35(4): 592-598.

[34] SHUHAIMI B A B A, KAWATO H, ZHU Y, et al. Growth of InGaN-based laser diode structure on silicon (111) substrate[J]. Journal of Physics Conference, 2009, 152: 012007.

[35] SUN Y, ZHOU K, SUN Q, et al. Room-temperature continuous-wave electrically injected InGaN-based laser directly grown on Si[J]. Nature Photonics, 2016, 10(9): 595-599.

[36] HEYING B, WU X H, KELLER S, et al. Role of threading dislocation structure on the X-ray diffraction peak widths in epitaxial GaN films[J]. Applied Physics Letters, 1996, 68(5): 643-645.

[37] CHIERCHIA R, BÖTTCHER T, HEINKE H, et al. Microstructure of heteroepitaxial GaN revealed by X-ray diffraction[J]. Journal of Applied Physics, 2003, 93(11): 8918-8925.

[38] CHERNS D, HENLEY S J, PONCE F A. Edge and screw dislocations as nonradiative centers in InGaN/GaN quantum well luminescence[J]. Applied Physics Letters, 2001, 78(18): 2691-2693.

[39] ROSNER S J, CARR E C, LUDOWISE M J, et al. Correlation of cathodoluminescence inhomogeneity with microstructural defects in epitaxial GaN grown by metalorganic chemical-vapor deposition[J]. Applied Physics Letters, 1997, 70(4): 420-422.

[40] CHICHIBU S F, UEDONO A, ONUMA T. Origin of defect-insensitive emission probability in In-containing (Al,In,Ga)N alloy semiconductors[J]. Nature Materials, 2006, 5(10):810-816.

[41] NAKAMURA S. The roles of structural imperfections in InGaN-based blue light-emitting diodes and laser diodes[J]. Science, 1998.

[42] LE L C, ZHAO D, JIANG D S, et al. Carriers capturing of V-defect and its effect on leakage current and electroluminescence in InGaN-based light-emitting diodes[J]. Applied Physics Letters, 2012, 101(25).

[43] KIM I H, PARK H S, PARK Y J, et al. Formation of V-shaped pits in InGaN/GaN multiquantum wells and bulk InGaN films[J]. Applied Physics Letters, 1998, 73(12): 1634-1636.

[44] CHEN Y, TAKEUCHI T, AMANO H, et al. Pit formation in GaInN quantum wells[J]. Applied Physics Letters, 1998, 72(6): 710-712.

[45] TAKAHASHI H, ITO A, TANAKA T, et al. Effect of Intentionally formed 'V-defects' on the emission efficiency of GaInN single quantum well[J]. Japanese Journal of Applied Physics, 2000, 39(6B): L569-L571.

[46] HANGLEITER A, HITZEL F, NETZEL C, et al. Suppression of nonradiative recombination

by V-shaped pits in GaInN/GaN quantum wells produces a large increase in the light emission efficiency[J]. Physical Review Letters, 2005, 95(12):127402.

[47] NETZEL C, BREMERS H, HOFFMANN L, et al. Emission and recombination characteristics of Ga1-xInxN/GaN quantum well structures with nonradiative recombination suppression by V-shaped pits[J]. Physical Review. B, 2007, 76(76): 155322.

[48] TOMIYA S, KANITANI Y, TANAKA S, et al. Atomic scale characterization of GaInN/GaN multiple quantum wells in V-shaped pits[J]. Applied Physics Letters, 2011, 98(18): 181904-181904-3.

[49] ABELL J, MOUSTAKAS T D. The role of dislocations as nonradiative recombination centers in InGaN quantum wells[J]. Applied Physics Letters, 2008, 92(9).

[50] LE L C, ZHAO D G, JIANG D S, et al. Effect of V-defects on the performance deterioration of InGaN/GaN multiple-quantum-well light-emitting diodes with varying barrier layer thickness[J]. Journal of Applied Physics, 2013, 114(14): 143706.

[51] KIM J, CHO Y H, KO D S, et al. Influence of V-pits on the efficiency droop in InGaN/GaN quantum wells[J]. Optics Express, 2014, 22(S3): A857-A866.

[52] FANG Z L. Significant increase of light emission efficiency by in situ site-selective etching of InGaN quantum wells[J]. Journal of Applied Physics, 2009, 106(2): 459.

[53] KIM J, KIM J, TAK Y, et al. Effect of V-shaped pit size on the reverse leakage current of InGaN/GaN light-emitting diodes[J]. IEEE Electron Device Letters, 2013, 34(11): 1409-1411.

[54] WEIDLICH P H, SCHNEDLER M, EISELE H, et al. Repulsive interactions between dislocations and overgrown V-shaped defects in epitaxial GaN layers[J]. Applied Physics Letters, 2013, 103(14): 142105.

[55] HAN S, LEE D, SHIM H, et al. Improvement of efficiency and electrical properties using intentionally formed V-shaped pits in InGaN/GaN multiple quantum well light-emitting diodes[J]. Applied Physics Letters, 2013, 102(25).

[56] CHO Y, KIM J, KIM J, et al. Quantum efficiency affected by localized carrier distribution near the V-defect in GaN based quantum well[J]. Applied Physics Letters, 2013, 103(26).

[57] WU X, LIU J, QUAN Z, et al. Electroluminescence from the sidewall quantum wells in the V-shaped pits of InGaN light emitting diodes[J]. Applied Physics Letters, 2014, 104(22).

[58] LI Y, YUN F, SU X, et al. Deep hole injection assisted by large V-shape pits in InGaN/GaN multiple-quantum-wells blue light-emitting diodes[J]. Journal of Applied Physics, 116(12), 123101.

[59] QUAN Z, WANG L, ZHENG C, et al. Roles of V-shaped pits on the improvement of quantum efficiency in InGaN/GaN multiple quantum well light-emitting diodes[J]. Journal of Applied Physics, 2014, 116(18): 183107.

[60] QUAN Z, LIU J, FANG F, et al. A new interpretation for performance improvement of high-efficiency vertical blue light-emitting diodes by InGaN/GaN superlattices[J]. Journal of Applied Physics, 2015, 118(19), 193102.

[61] WU X M, LIU J L, JIANG F Y. Hole injection from the sidewall of V-shaped pits into c-plane multiple quantum wells in InGaN light emitting diodes[J]. Journal of Applied Physics, 2015, 118(16): 164504.

[62] QUAN Z J, LIU J L, FANG F, et al. Effect of V-shaped pit area ratio on quantum efficiency of blue InGaN/GaN multiple-quantum well light-emitting diodes[J]. Optical and Quantum Electronics, 2016, 48(3): 195.

[63] CHANG C Y, LI H, SHIH Y T, et al. Manipulation of nanoscale V-pits to optimize internal quantum efficiency of InGaN multiple quantum wells[J]. Applied Physics Letters, 2015, 106(9): 091104.

[64] OKADA N, KASHIHARA H, SUGIMOTO K, et al. Controlling potential barrier height by changing V-shaped pit size and the effect on optical and electrical properties for InGaN/GaN based light-emitting diodes[J]. Journal of Applied Physics, 2015, 117(2): 025708.

[65] XIONG C B, JIANG F Y, FANG W Q, et al. The characteristics of Gan-based blue LED on Si substrate[J]. Journal of Luminescence, 2007, 123: 185-187.

[66] JIANG, F, WANG L, FANG W. Semiconductor light-emitting device and method for making same: US7919784B1[P]. 2007-04-05.

[67] WANG G, TAO X, FENG F, et al. Effects of Ni-assisted annealing on P-type contact resistivity of GaN-based LED films grown on Si(111) substrates[J]. Acta Physica Sinica, 2011, 60(7): 078503.

[68] LI D S, SUMIYA M, FUKE S, et al. Selective etching of GaN polar surface in potassium hydroxide solution studied by X-ray photoelectron spectroscopy[J]. Journal of Applied Physics, 2001, 90(8): 4219-4223.

[69] SONG J O, LEEM D S, KIM S H, et al. Formation of vanadium-based ohmic contacts to N-GaN[J]. Korean Journal of Materials Research, 2003, 13(9): 567-571.

[70] LIU J L, FENG F F, ZHOU Y H, et al. Stability of Al/Ti/Au contacts to N-polar N-GaN of GaN based vertical light emitting diode on silicon substrate[J]. Applied Physics Letters, 2011, 99(11): 111112.

[71] MARTINEZ G L, CURIEL M R, SKROMME B J, et al. Surface recombination and sulfide passivation of GaN[J]. Journal of Electronic Materials, 2000, 29(3): 325-331.

[72] MENEGHINI M, TREVISANELLO L R, ZEHNDER U, et al. High-temperature degradation of GaN LEDs related to passivation[J]. IEEE Transactions on Electron Devices, 2006, 53(12): 2981-2987.

[73] LIU J L, QIU C, JIANG F Y. Research of passivation and anti reflecting layer on GaN based blue LED on silicon substrate[J]. Acta Optica Sinica, 2010, 30(10): 2978.

[74] JIANG F, LIU J, WANG L. Semiconductor light-emitting device with double-sided passivation: US2011/0001120A1[P]. 2008-05-13.

[75] JIANG F Y, LIU W H, LI Y Q, et al. Research on the junction-temperature characteristic of GaN light-emitting diodes on Si substrate[J]. Journal of Luminescence, 2007, 122: 693-695.

面向可见光通信的 OLED 和有机发光材料

有机发光材料，具有发光光谱可调范围宽、发光效率高、吸光强度高、可溶液法处理、支持柔性工艺等诸多优点。其器件——有机发光二极管（Organic LED，OLED），自 1987 年以来得到了广泛的关注和迅速的发展，相关产业化发展目前也处于井喷式阶段。本章首先介绍 OLED 的发展历程、有机材料的发光机理以及 OLED 器件结构与核心参数等基本知识，并在此基础上，介绍 OLED 和有机发光材料在可见光通信领域的发展和表现。

| 2.1 OLED 发展简介 |

有机材料通常是指由碳（C）、氢（H）、氮（N）、氧（O）等元素以共价键形式构成的分子材料，其中一部分还包含卤素、硫（S）、磷（P）等元素。有机材料中分子与分子主要是通过范德瓦耳斯力、分子间偶极作用等分子间作用力相结合的。按照分子量大小和分子结构，可以把有机材料分类为小分子、齐聚物、树状物、共轭聚合物、树状聚合物，如图 2-1 所示。

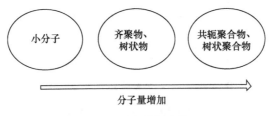

图 2-1　有机材料分类

针对有机材料电致发光现象的研究始于 20 世纪 60 年代，早期的研究工作主要围绕有机材料单晶蒽，从最早的 Pope 研究组和 Visco 研究组，到后来的 Helfrich、Schneider、Williams、Schadt、Vincett 等研究组，都实现了让单晶蒽在电激励下发出蓝光[1-5]，但驱动电压过高、器件效率极低使得单晶蒽电致发光并不具备产业化前景。直到 1987 年，柯达公司（Eastern Kodak）的 Tang 和 VanSlyke 等以 8-羟基喹啉铝（Alq$_3$）作为发光和电子传输材料，辅以芳香族二胺（Diamine）的空穴传输层，通过三明治器件结构（如图 2-2 所示），提升了空穴和电子的注入能力和复合概率，实现了 1% 的器件外量子效率（External Quantum Efficiency, EQE）和 1.5 lm/W 的功率效率[6-7]。同时，通过真空镀膜技术将有机薄膜厚度控制到 100 nm 以下，有效降低了驱动电压。在 10 V 以内的工作电压下，器件即可达到超过 1 000 cd/m^2 的发光亮度，向产业化迈进了一大步。这一具有里程碑意义的工作被视为第一代小分子 OLED，也称为小分子荧光 OLED。

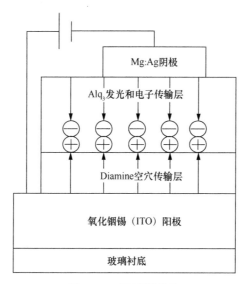

图 2-2　三明治器件结构

小分子 OLED 第二次里程碑式的突破发生在 1998 年，当时普林斯顿大学（Princeton University）的 Forrest 研究组和南加州大学（University of Southern California）的 Thompson 研究组利用铱（Ir）配合物打破了传统有机材料只能实现 25% 激子利用率的瓶颈，实现了接近 100% 的激子利用率，从而大幅提高了器件效率[8]。以 Ir 配合物为代表的这一类材料称为磷光材料，这一代的 OLED 则称为第二代小分子 OLED 或小分子磷光 OLED。

到了 2009 年，Forrest 的学生，后任职于九州大学（Kyushu University）的 Adachi 带领其研究团队提出热激活延迟荧光（Thermally Activated Delayed Fluorescence, TADF）技术[9]。这种技术能够在不使用贵金属配合物的情况下，实现近 100% 的激子利用率，有效地降低了 OLED 的材料和器件成本，具有广阔的产业前景。近 10 年来针对 OLED 材料的研究大部分都集中在 TADF 材料上，因此，基于 TADF 的 OLED 也被视为第三代小分子 OLED，同时也是最新的一代。

目前制备小分子 OLED 最主流的方法仍是真空镀膜技术，而与小分子 OLED 不同，聚合物 OLED（Polymer LED，PLED）支持溶液法制备，能够大幅降低器件制备过程对真空设备的依赖程度并简化工艺流程。1990 年，剑桥大学（University of Cambridge）Friend 研究组通过旋涂制膜方法，实现了共轭聚合物聚对苯撑乙烯（poly (p-phenylenevinylene)，PPV）在低电压下的电致发光[10]。除了旋涂制膜工艺，喷墨打印、滚筒印刷等工艺的发展进一步扩充了溶液制膜的工艺手段[11-12]。而且与旋涂制膜相比，喷墨打印和滚筒印刷更适用于高速、大面积、规模化的 OLED 量产，这也是 OLED 未来发展的一大趋势。

分子量介于小分子和共轭聚合物之间的树状物，也可以用作高效的 OLED 发光材料。树状物利用保护基团包裹发光中心，能有效避免激子湮灭，提高材料发光效率，降低器件效率滚降。树状物能够与磷光材料结合，形成磷光树状物。2002 年，曾任职于牛津大学（Oxford University）的 Burn 与英国圣安德鲁斯大学（University of St Andrews）的 Samuel 等实现了基于 Ir 配合物的磷光树状物 OLED，器件 EQE 达到 8.1%[13]。之后，又将树状物分子嫁接在共轭聚合物骨架上，实现了材料电荷输运性能和黏度的调控，以使其适用于喷墨打印 OLED 的制备[14]。

图 2-3 总结了 OLED 发展过程中的里程碑时刻。放眼近年来 OLED 的产业化发展，可喜地发现 OLED 在显示领域的市场份额正处于明显增长期，其柔性显示、曲面显示的特性正完美应用于高端手机领域和电视领域，同时，在未来柔性可穿戴设备领域具备更大的发展空间。

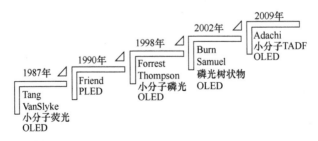

图 2-3 OLED 发展里程碑时刻

|2.2 有机材料发光原理|

有机材料中最核心的原子是碳原子。碳原子带有 6 个电子，根据泡利不相容原理（Pauli Exclusion Principle）和洪特定则（Hund's Rule），这 6 个电子中有 2 个会占据 1s 轨道，2 个占据 2s 轨道，而剩下的 2 个电子则分别占据 3 个 2p 轨道（p_x、p_y、p_z）中的 2 个。其中，s 和 p 代表不同的角量子数，x、y、z 代表不同的磁量子数。最终的原子轨道可写为 $1s^2 2s^2 2p^2$，如图 2-4 所示。从电子云的空间形状来看，s 轨道为球对称形，p 轨道类似 "8" 字形。

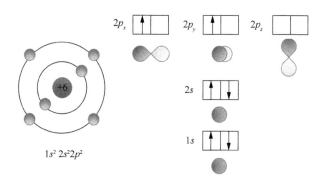

图 2-4 碳原子的原子轨道结构

碳原子在形成有机分子的过程中，会发生 sp^2 轨道杂化的过程。在 sp^2 轨道杂化时，原先处于 2s 轨道上的一个电子会被激发到空置的 2p 轨道上（如从 2s 轨道到空置的 $2p_z$ 轨道），随后 2s 轨道会与 3 个 2p 轨道中的 2 个发生轨道杂化，形成 3 个在空间中互成 120°夹角的简并能级，剩余未参与杂化的 2p 轨道则会在空间上垂直于杂化轨道平面，整个过程如图 2-5（a）所示。当两个发生 sp^2 轨道杂化的碳原子相互靠近时，头对头接触的杂化轨道会形成一个 σ 键，肩对肩接触的、未参与杂化的 p 轨道会形成一个 π 键，从而形成 C=C 双键结构，如图 2-5（b）所示。其中，σ键化学性质稳定，称为饱和键，而 π 键相对活泼，称为不饱和键，更容易在化学反应过程中被打开。

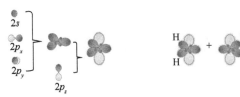

(a) 碳原子 sp^2 轨道杂化过程　　　　　(b) 两个 sp^2 杂化碳原子轨道结合过程

图 2-5　碳原子 sp^2 轨道杂化

当两个原子轨道结合时，会产生一对分子轨道，分别称为成键轨道和反键轨道。因此，在 C=C 双键结构形成时，会存在 4 种分子轨道，按能量由低至高排列分别为 σ 键轨道、π 键轨道、π*键轨道和 σ*键轨道。其中，π 键轨道和 π*键轨道来自 π 键，σ 键轨道和 σ*键轨道来自 σ 键。σ 键轨道和 π 键轨道为成键轨道，π*键轨道和 σ*键轨道为反键轨道。根据能量最低原理，σ 键轨道和 π 键轨道会填满电子，而 π*键轨道和 σ*键轨道为空轨道，如图 2-6 所示。由此可见，π 键轨道对有机分子的光电特性尤为重要，一方面，电子迁移需要依靠分子间的 π–π 耦合，另一方面，有机分子的发光光谱由 π–π*跃迁所决定。当多个原子组成分子时，会存在多个 π 键轨道，通常把能量最高的 π 键轨道称为最高占分子轨道（Highest Occupied Molecular Orbital，HOMO），把能量最低的 π*键轨道称为最低未占分子轨道（Lowest Unoccupied Molecular Orbital，LUMO），而 HOMO 能级和 LUMO 能级所扮演的角色与无机半导体中的价带顶端和导带底端相呼应。

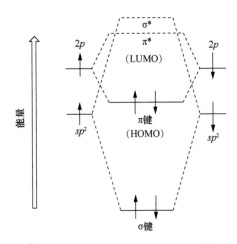

图 2-6　sp^2 杂化分子轨道 σ 键、σ*键、π 键、π*键轨道的形成

当 π 键轨道上的一个电子被激发到 π* 键轨道，并在 π 键轨道留下一个空穴，此时，这个电子–空穴对形成了一个激子，激子退激发可以实现发光。有机发光材料中可能会存在两种激子，一种是分子内激子，称为弗仑克尔（Frenkel）激子，激子半径约为 1 nm，激子结合能为 0.1~1 eV；另一种是在分子间形成的激子，称为电荷转移（Charge Transfer，CT）激子，激子半径略大于弗仑克尔激子的半径。根据电子自旋方向的不同，激子可以分为单重态（Singlet）和三重态（Triplet）。单重态指激发态的电子与基态电子具有反向平行的自旋矢量，总自旋矢量 S 为 0；三重态指总自旋矢量不为 0 的另外 3 种情况，如图 2-7 所示。单重态和三重态的波函数 Φ 可以用图 2-7 中右侧表达式来描述，其中 φ 为轨道波函数，s 为自旋波函数，↑和↓表示自旋态，x 表示基态电子或激发态电子的位置。由于单重态的轨道波函数是对称的，而三重态的轨道波函数是反对称的，因此从能级来看，三重态能级大小会低于对应的单重态。

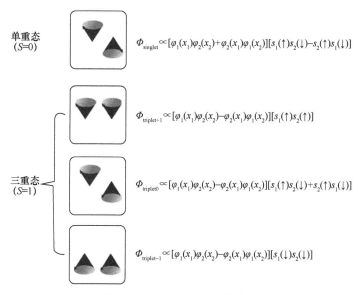

图 2-7　单重态和三重态及其波函数

　　根据自旋选律，单重态激子跃迁回到基态是自旋允许的，其能量可以以光或其他形式释放出来，而三重态激子跃迁回基态是自旋禁阻的，其能量无法以光的形式释放。在电致发光时，单重态激子的形成比例为 25%，三重态激子的形成比例为 75%，因此只有 1/4 的激子有可能产生光子，这类发光材料称为荧光材料，也是第一代小分子 OLED 的发光材料，其发光寿命约为纳秒量级。

为了进一步提升激子利用率，在第二代小分子 OLED 中使用的是有机金属配合物，如图 2-8(a)所示。通过重金属离子的引入，形成金属配体电子转移(Metal-Ligand Charge Transfer，MLCT) 态，新形成的单重态 ^{1}MLCT 和三重态 ^{3}MLCT 极易发生轨道自旋耦合，使原先自旋禁阻的三重态激子跃迁回基态的过程变成部分自旋允许的。这种发光材料也称为磷光材料，由于充分利用了三重态激子，其激子利用率接近 100%，发光寿命约为微秒量级。同样地，通过引入稀土离子形成的稀土金属配合物，如图 2-8 (b) 所示，也可以实现轨道自旋耦合，松动自旋选律。与有机金属配合物不同，稀土金属配合物形成的是典型的原子光谱，谱线通常只有几纳米，且发光寿命处于毫秒量级。

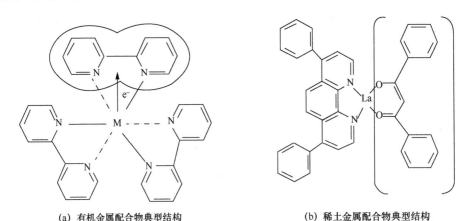

(a) 有机金属配合物典型结构　　　　　　　(b) 稀土金属配合物典型结构

图 2-8　金属掺杂配合物典型结构

为了摆脱贵重金属带来的成本压力，第三代小分子 OLED 使用了 TADF 发光材料。在设计合成这类材料时，尽可能让 HOMO 能级和 LUMO 能级的电子云分布在不同的基团上，只发生最小程度的电子云重叠。这使得单重态和三重态之间的能级差 ΔE_{st} 缩小，三重态激子在热运动作用下能够回到单重态状态，这一过程称为反向系间窜越(Reverse Intersystem Crossing，RISC)。ΔE_{st} 越小，RISC 效率越高，从而有更多的三重态激子回到单重态能级上并发出荧光，如图 2-9 所示。确认 TADF 的表征手段主要有 3 种：一是确认瞬时发光与延迟发光的光谱成分是否相同；二是确认 O_2 是否对发光材料产生了有效的淬灭作用；三是确认温度对 RISC 效率的调控作用。

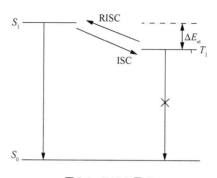

图 2-9　TADF 原理

　　磷光材料和 TADF 材料能够充分利用三重态激子，实现接近 100% 的激子利用率，不过，并不一定每一个利用到的激子都能转化为光子。激子转化为光子的效率称为光致荧光量子产率（Photoluminescence Quantum Yield，PLQY），其值大小取决于激子的辐射跃迁和非辐射跃迁相互竞争的结果。辐射跃迁能够将激子的能量以光子的形式释放，而非辐射跃迁则是将激子的能量以声子或热能的形式释放。提高 PLQY 最主要的手段是抑制非辐射跃迁：一是增加分子结构刚性，减少分子振动渠道；二是利用空间位阻基团保护分子发光中心，抑制激子相互作用带来的浓度淬灭和激子湮灭。树状物分子就是第二种策略的典型案例（如图 2-10 所示）。

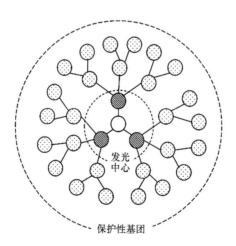

图 2-10　树状物分子发光中心与保护性基团

除了 PLQY 和激子利用率，发光光谱是有机发光材料的另一个重要指标。有机材料通常会形成宽光谱，宽光谱一方面来自谱线自然展宽引起的均匀展宽和生色团局域随机堆叠引起的非均匀展宽，另一方面，更多来自有机发光材料激发态类莫尔斯势阱（Morse-Like Potential Well）中存在的大量电子振动态。类莫尔斯势阱如图 2-11 所示，$v=0,1,2,\cdots,n$ 代表不同的振动态。根据弗兰克-康登原理（Franck-Condon Principle），当电子吸收能量从基态 S_0 跃迁至激发态 S_1 时，其落在 S_1 中特定振动态的概率，由其在基态的波函数与此振动态波函数的重叠大小所决定，两者存在正相关性。随后，一系列处于非 0 振动态的激子可以在短时间内通过振动弛豫回到 $v=0$ 的 S_1 激发态，并再一次通过弗兰克-康登原理的选择，以不同概率回到 S_0 能级的各振动态，形成宽光谱。整个过程产生的能量损失会造成有机材料发射光谱与吸收光谱最强峰间的位移，该位移称为斯托克斯位移（Stokes Shift）。

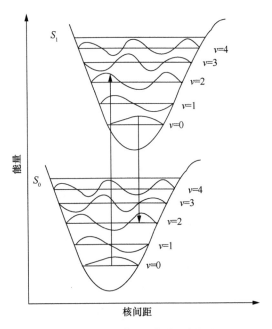

图 2-11　类莫尔斯势阱示意图

根据上述内容，有机材料的整个发光过程可以总结为图 2-12，该图也称为雅布隆斯基图（Jablonski Diagram），对理解有机材料发光原理有着至关重要的作用。

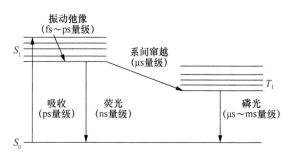

图 2-12　雅布隆斯基图

2.3　OLED 器件结构

为了获得较高的器件效率,目前 OLED 器件往往采用多层结构,如图 2-13 所示。根据功能, OLED 器件可以分为:阳极、空穴注入层、空穴传输层、电子阻挡层、发光层、空穴阻挡层、电子传输层、电子注入层和阴极。功能层的引入旨在利用器件能带和载流子迁移率的调控,实现载流子的高效注入和浓度平衡,以及载流子在发光层中的有效约束。

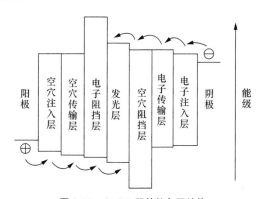

图 2-13　OLED 器件的多层结构

空穴注入层和电子注入层通过实现电极功函数与传输层材料 HOMO 或 LUMO 的能级匹配, 提高载流子的注入效率。聚乙撑二氧噻吩–聚苯乙烯磺酸盐 (poly (3,4 ethylenedioxythiophene) :poly (styrenesulfonate), PEDOT:PSS 、氧化钼 (MoO_x) 为常用的空穴注入层材料, 氟化锂 (LiF) 为常用的电子注入层材料。空穴传输层和电子传输层减少了载流子进入发光层需要克服的能级势垒, 同时还能控制载流子的平衡，有效提高器件效率。常用的空穴传输层材料包括 N,N′-双（3-甲基苯基）-N,N′-二苯-1,1′-联-4,4′-二胺、1,1-双[4-[N,N-二对甲苯氨基]苯基]环己烷、N,N′-二苯基-N,N′-（1-萘基）1,1′-联苯-4,4′-二胺及聚（9-乙烯基咔唑）等，见表2-1。常用的电子传输层材料包括1,3,5-三（1-苯-1H-苯并咪-2-基）苯、2,9-二甲-4,7-二苯基-1,10-菲咯啉、4,7-二苯-1,10-菲罗啉、2-（4-联苯基）-5-苯基-1,3,4-恶二唑、4,6-双（3,5-二（3-吡啶）基苯基）-2-甲基嘧啶、1,3,5-三[（3-吡啶基）-3-苯基]苯、3-（联苯-4-基）-5-（4-叔丁基苯基）-4-苯基-4H-1,2,4-三唑及2,2′-（1,3-苯基）二[5-（4-叔丁基苯基）-1,3,4-恶二唑]，见表2-2。

表 2-1   常用的空穴传输层材料

分子中文名称	英文名称	英文缩写	分子式
N, N′-双（3-甲基苯基）-N,N′-二苯-1,1′-联-4,4′-二胺	N,N′-diphenyl-N,N′-bis (3-methylphenyl)-1,1′-diphenyl-4,4′-diamaine	TPD	
1,1-双[4-[N,N-二对甲苯氨基]苯基]环己烷	1,1-bis[(di-4-tolylamino) phenyl]cyclohexane	TAPC	
N,N′-二苯基-N,N′-（1-萘基）1,1′-联苯-4,4′-二胺	N,N′-bis-(1-naphthyl)-N,N′-diphenyl-1,1′-biphenyl-4,4′-diamine	NPB	
聚（9-乙烯基咔唑）	Poly(9-vinylcarbazole)	PVK	

表 2-2   常用的电子传输层材料

分子中文名称	英文名称	英文缩写	分子式
1,3,5-三（1-苯-1H-苯并咪-2-基）苯	1,3,5-tris (N-phenylbenzimidazol-2-yl) benzene	TPBI	

（续表）

分子中文名称	英文名称	英文缩写	分子式
2,9-二甲-4,7-二苯基-1,10-菲咯啉	2,9-Dimethyl-4,7-diphenyl-1,10-phenanthroline	BCP	
4,7-二苯-1,10-菲罗啉	4,7-diphenyl-1,10-phenanthroline	BPhen	
2-（4-联苯基）-5-苯基-1,3,4-恶二唑	2-(4-biphenyl)-5-phenyl-1,3,4-oxadiazole	PBD	
4,6-双（3,5-二（3-吡啶）基苯基）-2-甲基嘧啶	Bis-4,6-(3,5-di-3-pyridylphenyl)-2-methylpyrimi-dine	B3PYMPM	
1,3,5-三[（3-吡啶基）-3-苯基]苯	1,3,5-tri(m-pyrid-3-yl-phenyl)-benzene	TmPyPB	
3-（联苯-4-基）-5-（4-叔丁基苯基）-4-苯基-4H-1,2,4-三唑	3-(4-biphenyl)-4-phenyl-5-(4-tert-butylphenyl)-4-phenyl-4H-1,2,4-triazole	TAZ	
2,2′-（1,3-苯基）二[5-（4-叔丁基苯基）-1,3,4-恶二唑]	2,2′-(1,3-phenylene)bis[5-(4-tert-butylphenyl)-1,3,4-oxadiazole]	OXD-7	

　　若要进一步提高传输层的载流子迁移率，还可以对传输层材料进行掺杂，形成 PIN 型 OLED 结构，如图 2-14 所示。常用的掺杂材料包括 Li^+、Cs^+、F_4-TCNQ$^-$ 等。但掺杂离子易与发光层相互作用，降低发光效率，所以发光层与传输层之间需要有中间层进行阻隔。由于掺杂离子的作用，PIN 型 OLED 可以拥有极低的工作电压。

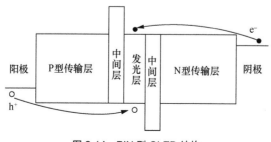

图 2-14　PIN 型 OLED 结构

根据出光方向的空间位置,OLED 可以分为顶发射器件和底发射器件,如图 2-15 所示。顶发射器件和底发射器件最大的区别在于,器件发光层内产生的光子在传播到自由空间的过程中是否会通过衬底。顶发射器件从顶部出光,光子不通过底部衬底,因此顶部使用透明或半透明电极、底部使用金属电极,衬底选择自由度高,可以使用 Si 衬底或玻璃衬底等。底发射器件从底部出光,光子通过底部衬底,因此底部需用透明电极和透明衬底,顶部使用金属电极。

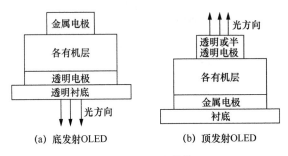

图 2-15　OLED 结构

另外,当阳极生长在衬底上时,器件类型为正置 OLED,当阴极生长在衬底上时,器件类型为倒置 OLED,如图 2-16 所示。OLED 在显示应用领域多用倒置结构,因为倒置 OLED 能够直接在 Si 衬底半导体器件上生长,与目前成熟的 N 沟道非晶 Si 薄膜晶体管集成工艺的兼容度高。

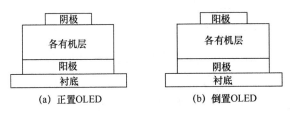

图 2-16　正置、倒置 OLED

根据发光颜色,OLED 可以分为单色 OLED 和白光 OLED。白光 OLED 往往需要器件内有多个发光单元形成复合白光光谱,因此多采用串联式结构,如图 2-17 所示。串联式 OLED 形成白光的常用策略是将蓝色发光层和红色、绿色发光层分别放置在两个串联的 OLED 颜色单元中,颜色单元之间用互连层相连。由于使用了串联结构,所以在相同亮度的情况下,串联式 OLED 比普通 OLED 有更低的驱动电流、更高的电流效率、更长的器件使用寿命。另外,颜色单元的调控相对独立,因此白光光谱、色温等参数的调节也相对灵活。

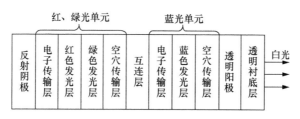

图 2-17　串联式白光 OLED 的结构

由于 OLED 是平面器件，发光层中产生的光子只有一部分能够真正传播到自由空间，对发光作出贡献，剩下的光子则困在器件内，无法逃逸，其原因在于 OLED 各层材料与自由空间之间存在介电常数失配。由激子发出的光有 5 种不同的发展轨迹：① 辐射模，传播到自由空间的光；② 衬底模，困在衬底中传播的光；③ 波导模，在有机层中形成波导的光；④ 表面等离激元模，与金属电极相互作用形成表面波的光；⑤ 被各层材料及电极吸收的光。不同发展轨迹的分布比例受多方因素影响，这些因素包括器件结构、各层光学特性、各层薄膜厚度、激子复合位置等。对于底发射器件和顶发射器件，不同发展轨迹的典型分布比例如图 2-18 所示。一般辐射模仅占总光子数的 20%左右。

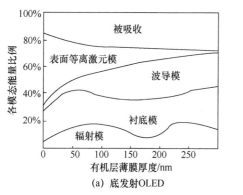

(a) 底发射OLED

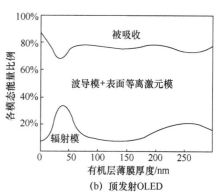

(b) 顶发射OLED

图 2-18　器件薄膜厚度对各光学模态的调制

提高光提取效率的策略核心在于打破层与层界面处的全反射条件，常用的手段包括在底发射器件衬底和自由空间的界面增加类似仿生蛾眼的微透镜阵列（Microlens Array，MLA）以及在有机层或电极界面增加亚波长尺度光栅结构等，如图 2-19 所示。

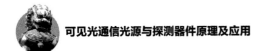

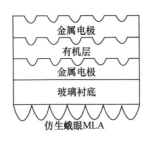

图 2-19　能够将器件中所有光学模态耦合到自由空间的 OLED 典型结构

有机材料大多对水氧敏感，尤其在大电流下水氧会加速材料老化，因此在使用前需要对 OLED 器件进行封装，隔绝水氧对器件的影响，延长器件寿命。一般来说，为了实现 10 000 h 的商用器件寿命，OLED 的水汽渗透率（Water Vapor Transmission Rate，WVTR）需要小于 $5×10^6$ g/（m^2·天），氧气渗透率（Oxygen Transmission Rate，OTR）则小于 $1×10^3$ cm^3/（m^2·天）。早期发展的 OLED 封装技术使用玻璃封装，将 OLED 封装在玻璃衬底和玻璃盖板之间，并用惰性气体和干燥剂保护。随着 OLED 大面积器件和柔性器件的发展，产业上，OLED 封装的主流方法为薄膜封装。薄膜封装将 OLED 夹在两块水氧阻隔膜之间，OLED 与水氧阻隔膜完全贴合。为了达到 OLED 的水汽和氧气渗透率要求，水氧阻隔膜往往使用有机-无机的多层结构，无机层能很好地隔绝水氧，而有机层可以中断无机层的缺陷复制，同时增加阻隔膜柔性，如图 2-20 所示。此外，等离子体增强化学气相沉积（Plasma Enhanced Chemical Vapor Deposition，PECVD）以及原子层沉积（Atomic Layer Deposition，ALD）技术也是目前正在发展的 OLED 封装技术。

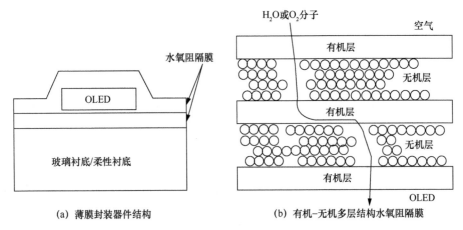

（a）薄膜封装器件结构　　（b）有机-无机多层结构水氧阻隔膜

图 2-20　薄膜封装

|2.4　有机发光材料与器件的核心参数 |

有机发光材料是 OLED 的核心，这里先介绍有机发光材料的核心参数，再介绍 OLED 器件的核心参数。

光致荧光量子产率（PLQY）是有机发光材料最重要的参数，它表示有机发光材料中激子复合产生的光子数占所消耗全部激子数的比例，大小由两个竞争机制（辐射跃迁和非辐射跃迁）所决定。在辐射跃迁过程中，激子能量以光子的形式释放出来，其辐射跃迁寿命由 τ_R 表示；而在非辐射跃迁过程中，激子能量以声子和热能的形式释放出来，其辐射跃迁寿命由 τ_{NR} 表示。PLQY 的理论值可以根据式（2-1）计算。

$$PLQY = \frac{\dfrac{1}{\tau_R}}{\dfrac{1}{\tau_R}+\dfrac{1}{\tau_{NR}}} \qquad (2\text{-}1)$$

PLQY 的实验表征手段主要有两种：一种是格林汉姆方法（Greenham's Method）[15]，另一种是铃木方法（Suzuki's Method）[16]。格林汉姆方法使用光电二极管、滤光片和积分球来测试样品在不同状态下的光强，进而计算 PLQY 值。铃木方法与格林汉姆方法类似，但使用具有波长分辨功能的电荷耦合元件（Charge-Coupled Device，CCD）接收器替代光电二极管和滤光片，简化了测试和计算流程。而且，在此过程中，也可以同时获得有机发光材料的发光光谱。

荧光寿命也是有机发光材料的重要光学参数之一，可以用来判断材料的发光机理，如第一代、第二代、第三代小分子 OLED 中用到的有机发光材料都具有不同时间量级的荧光寿命。通常使用时间相关单光子计数（Time-Correlated Single Photon Counting，TCSPC）[17]技术测量荧光寿命。TCSPC 记录并存储样品在高频弱光脉冲激发下，每次发光时第一个光子到达光电倍增管（PMT）所耗费的时间。如图 2-21 所示，经统计获得样品发光强度随时间变化的曲线，该曲线称为瞬态荧光光谱。通过对瞬态荧光光谱的指数拟合，可以得到有机发光材料的荧光寿命。

除了 PLQY、发光光谱和荧光寿命，有机发光材料的光学参数还包括吸收光谱和折射率。吸收光谱可用紫外–可见光分光光度计测量，材料的折射率和消光系数可用椭偏仪测量。这几项参数是分析 OLED 器件中光模分布比例的重要参考依据。

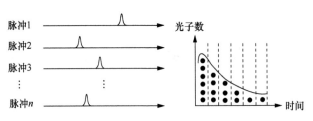

图 2-21　瞬态荧光光谱

除了光学性能，有机发光材料主要的电学性能表征包括以下 3 项：HOMO 和 LUMO 能级表征、电极功函数表征以及载流子迁移率表征。这 3 项参数决定了 OLED 器件中载流子的注入效率和输运能力。有机发光材料 HOMO 和 LUMO 能级的标定通常使用循环伏安法。循环伏安法利用三电极系统，通过电压扫描获得有机发光材料的特征氧化峰和还原峰，确定 HOMO 和 LUMO 能级。典型的循环伏安法电流-电压曲线如图 2-22 所示，其中 A 为还原峰、B 为氧化峰。金属电极或透明导电氧化物电极的功函数可用开尔文探针（Kelvin Probe）法测量，其原理如图 2-23 所示，其中 E_p 为开尔文探针的费米能级，E_s 为电极的表面功函数。通过补偿开尔文探针和样品在接触时产生的接触电势差，可以消除开尔文探针和样品表面的积累电荷，进而获得电极的功函数。测量载流子迁移率的主流方法是飞行时间（Time-of-Flight，TOF）法，其原理如图 2-24 所示。待测有机发光材料与电荷产生层相邻，两侧为 ITO 电极和金属电极。通过记录产生于电荷产生层的光生载流子在电场作用下穿过有机发光材料到达金属电极所耗费的时间，可以得到有机材料的载流子迁移率。根据传输类型，可以将载流子传输分为非色散传输和色散传输。非色散传输的载流子包不随其运动而散开，其空间密度分布满足高斯分布；而色散传输的载流子包则随其运动而散开。

有机发光材料另一个重要参数是成膜时的薄膜形貌，包括表面形貌和薄膜内部的分子堆叠方式。表面形貌反映了薄膜的表面平整度和覆盖完整度，常用的表征手段包括 SEM 图像和 AFM 图像。若表面过于粗糙或薄膜覆盖不完整，OLED 器件会出现断路或短路的情况。而分子堆叠方式决定了有机薄膜的晶面间距和晶畴取向，进而影响有机发光材料的载流子运输性能。通常使用掠入射大角 X 射线散射（Grazing Incidence Wide Angle X-Ray Scattering，GIWAXS）结果对分子堆叠方式进行表征，通过分析晶畴取向引起的布拉格峰，获得晶面间距和晶畴取向的信息。

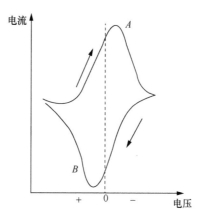

图 2-22　循环伏安法电流-电压曲线

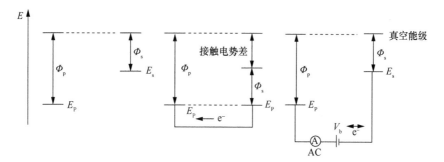

图 2-23　开尔文探针法原理

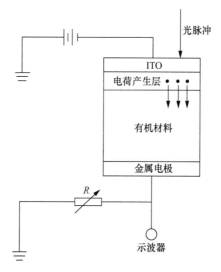

图 2-24　飞行时间法原理

如图 2-25 所示，GIWAXS 将 X 射线掠入射到有机薄膜样品上，然后利用一个紧靠样品的二维探测器收集所有经过薄膜漫散射的 X 射线。图 2-25 所示为有机薄膜分子堆叠方式与 GIWAXS 结果的关联性。如果分子堆叠是层状结构且与所成晶畴的取向严格一致时，能观察到清晰的布拉格峰，如图 2-25（a）所示。其中，布拉格峰的间距反映了晶面间距，晶畴取向则决定了布拉格峰的取向。当晶畴取向有一定分布后，布拉格峰会发生展宽，如图 2-25（b）所示。随着晶畴取向进一步无序化，布拉格峰会不断展宽，最终形成德拜–谢勒环（Debye-Scherrer Ring），如图 2-25（c）所示。因此，通过 GIWAXS 结果可以获得有机薄膜晶面间距以及晶畴取向的信息。

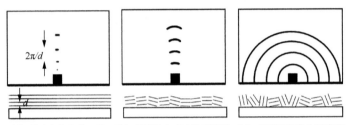

(a) 晶畴取向完全一致　(b) 晶畴取向有少许无序化　(c) 晶畴取向完全无序化

图 2-25　有机薄膜分子堆叠方式与 GIWAXS 结果关联性

OLED 器件的核心参数包括以下几项：器件的 IQE、EQE、发光亮度、色度和器件寿命。

IQE 表征电极注入的载流子在光电转换过程中产生光子的概率，该概率由 3 个因素决定：载流子复合率、激子利用率和 PLQY。IQE 大小的计算方法见式（2-2），其中，Φ_c 为载流子复合率，Φ_s 为激子利用率，Φ_r 为 PLQY。载流子复合率的值取决于载流子注入效率、电子空穴平衡度、各层界面能级势垒。较高的注入效率和平衡度以及较小的能级势垒，都能有效提高载流子复合率。激子利用率的值反映了有机发光材料的三重态激子是否参与发光、是否得到充分利用。PLQY 的值反映了激子转化成光子的概率。

$$IQE = \Phi_c \times \Phi_s \times \Phi_r \qquad (2\text{-}2)$$

EQE 在 IQE 的基础上进一步考虑 OLED 器件的光取出效率 Φ_e，其值大小为 IQE 与光取出效率的乘积，见式（2-3）。EQE 反映了注入的载流子最终转化成自由空间中光子的概率。记录 OLED 器件的电流–电压–亮度曲线，结合器件发光光谱轮廓、光电二极管响应曲线以及明视觉光谱光视效率函数，可以实验测量 OLED 器件的

EQE。目前 OLED 的 EQE 可达到 30% 以上。

$$EQE=IQE \times \Phi_e = \Phi_c \times \Phi_s \times \Phi_r \times \Phi_e \qquad (2\text{-}3)$$

除了用 EQE 描述 OLED 器件效率，也可以使用功率效率和电流效率来描述。功率效率表示 1 W 电能产生的光通量，单位为 lm/W；电流效率表示 1 A 电流产生的光强，单位为 cd/A。功率效率和电流效率的计算方法见式（2-4）和式（2-5），其中 L 表示亮度，j 表示电流密度，V 表示电压。

$$功率效率 = \pi L / jV \qquad (2\text{-}4)$$

$$电流效率 = L / j \qquad (2\text{-}5)$$

OLED 器件的亮度可以在测试 OLED 外量子效率的同时获得，亦可使用亮度计进行直接测量，亮度单位为 cd/m^2。需要指出的是，OLED 也存在效率滚降，因此在描述器件效率的同时要标明对应亮度。

OLED 的色度也是重要参数之一。从 OLED 的发光光谱可以获得色度坐标。对于显示 OLED 而言，三基色 OLED 的色度坐标决定了显示色域的大小，即 OLED 屏的呈色范围。对于白光照明 OLED 而言，白光 OLED 的发光光谱还可以提供显色指数和色温。

OLED 器件寿命是 OLED 可否产业化的重要考量。OLED 器件寿命指器件在恒定电流下工作时，亮度下降为初始亮度某个目标百分比所耗的时间。亮度下降为初始亮度的 90% 所耗的时间写为 t_{90}，下降为初始亮度的 50% 所耗的时间写为 t_{50}。为了加快测试速度，OLED 的寿命测试往往是在高温或高亮度的极端工作模式下完成的。因为器件寿命与初始亮度呈负相关，初始亮度越大，器件寿命越短。测试中，器件亮度随时间变化的曲线可以用式（2-6）拟合，其中 $L(t)$ 和 L_0 分别是器件在 t 时刻和初始时刻的亮度，τ 和 β 为器件相关拟合参数。拟合后可以获得 OLED 器件亮度下降到任意目标百分比所对应的器件寿命。

$$L(t) = \exp[-(t / \tau)^\beta] \times L_0 \qquad (2\text{-}6)$$

2.5　OLED 在可见光通信中的发展

OLED 在可见光通信领域的应用起步于 2011 年前后[18-21]，使用的都是发光面积从十几到几十平方厘米的商用 OLED 发光面板。2011 年，英国诺森比亚大学（Northumbria

University）的 Le Minh 等研究了发光面积为 3 cm×4 cm 的飞利浦（Philips）白光 OLED 的可见光通信指标。其−3 dB 带宽达到 150 kHz，在开关键控（On-Off-Keying，OOK）调制下的通信速率达到 2.15 Mbit/s[18]。2012 年，Haigh 等测试了一款欧司朗（Osram）的商用白光 OLED（型号：ORBEOS CMW-031），并得到 93 kHz 的带宽。基于人工神经网络的均衡算法和预失真技术的无误码通信速率可以达到 550 kbit/s[19]。2013 年，Haigh 等分别利用离散多音频（Discrete Multi-Tone，DMT）调制技术和脉冲位置调制（Pulse-Position Modulation，PPM）技术，进一步将欧司朗 OLED 的通信速率提升到 1.4 Mbit/s 和 2.7 Mbit/s[20-21]。

用于可见光通信发射器的半导体器件带宽受三大因素制约：① 器件的结电容和电阻；② 器件的载流子寿命和迁移率；③ 器件发光材料的荧光寿命。相比于 LED，OLED 带宽明显偏小的原因来自前两大因素。图 2-26 所示为 OLED 器件的简易等效电路，其中 R_d 为 OLED 器件的串联电阻，即 OLED 阳极和阴极之间的电阻，R_L 为漏电阻，C 为 OLED 器件的等效电容。C 的大小由式（2-7）计算。

$$C = \varepsilon_0 \varepsilon_r \frac{S}{L} \tag{2-7}$$

其中，ε_0 和 ε_r 分别为自由空间的介电常数和 OLED 有机层的等效介电常数，S 为 OLED 发光面积，L 为 OLED 的电极间距[22]。由于 OLED 的设计初衷是使用大面积柔性面光源解决电光源的眩光效应，因此结电容很大。另外，有机半导体材料的载流子迁移率比无机半导体的低几个数量级，因此 OLED 中电荷传输速率慢，有机层电阻大。大电容和低载流子迁移率大幅增加了 RC 时间常数以及载流子到达器件发光层所需的时间，从而导致 OLED 的器件带宽受到严重制约。

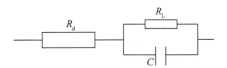

图 2-26　OLED 器件的简易等效电路

在意识到这一点后，针对可见光通信定制的小面积 OLED 逐渐成为研发重点。2013 年，牛津大学、杜伦大学（Durham University）以及默克显示技术公司（Merck Display Technologies）合作，将 OLED 发光面积缩小到约 1 cm² （14 mm×7 mm），−3 dB 带宽由此提升到了 270 kHz[23]。2014 年，伦敦大学学院（University College

London）、阿斯顿大学（Aston University）、牛津大学和诺森比亚大学的研究团队将发光面积进一步减小到 3.5 mm², 成功地把带宽提升到了 350 kHz, 通信速率也达到了 20 Mbit/s[24-26]。2017 年, 中国科学技术大学徐正元团队在 3 mm×12 mm 发光面积、460 kHz 带宽的 OLED 器件上, 结合比特/功率负载和信道后均衡的调制方案, 进一步将通信速率提高到了 50 Mbit/s 以上的水平[27]。

　　OLED 的发光面积还能进一步减小。英国谢菲尔德大学（University of Sheffield）Lidzey 课题组实现了发光面积仅 0.018 mm² 的、基于聚合物发光材料 TFB:F8BT 的 OLED, 其调制带宽实现了两个数量级的突破, 达到 26 MHz[28]。理论上, 如果 OLED 的发光面积能减小到微米 LED（Micro-LED）的程度, OLED 的带宽有望突破 100 MHz 的大关。这条路线在技术方面还面临诸多挑战, 最主要的一个挑战是发光面积缩小后, 器件的发光亮度需要大电流来保证。而有机材料在大电流下的散热问题和老化问题, 都会造成器件损坏, 使器件无法持续工作。这条技术路线的发展还需要有机材料载流子迁移率和稳定性方面的相关突破。2018 年, 澳大利亚昆士兰大学（University of Queensland）Ahmad 等的工作向该方向迈进了一步。他们采用了一种新型半晶体共轭聚合物萘 PTNT（poly[thiophene-2,5-diyl-alt-5,10-bis ((2-hexyldecyl)oxy) dithieno[3,2-c: 3′,2′-h][1,5]naphthyridine-2,7-diyl]）[29]作为 OLED 的发光材料。这种材料的聚合物骨架具有很强的 π 键面−面堆叠（Face-On π-Stacking）效应, 其载流子迁移率能得到量级幅度的提升。基于 PTNT 材料的 OLED, 在发光面积为 0.3 mm² 的情况下, 预计能提供 40 MHz 的 3-dB 调制带宽[30]。

　　在 2020 年年初, OLED 的带宽和速率获得重大突破。英国圣安德鲁斯大学 Samuel 和 Turnbull 的研究团队与英国爱丁堡大学（University of Edinburgh）Haas 的研究团队成功将 OLED 的带宽提高到 245 MHz, 并实现了 2 m 距离下 1.13 Gbit/s 的通信速率, OLED 可见光通信速率首次突破 1 Gbit/s 大关[31]。带宽和通信速率的大幅提升来自 OLED 器件多方面针对性的优化：① 使用短荧光寿命（1.1 ns）的蓝光材料 4,4′-bis[4-(diphenylamino)styryl]biphenyl（BDAVBi）提高发光材料的响应速率；② 减小发光面积至 9.2×10^{-4} cm² 以降低器件电容, 通过提高顶电极电导率、降低背电极接线电阻降低器件电阻, 进而降低器件整体的 RC 时间常数；③ 使用 PIN 结构和新型电极结构, 优化器件散热性能, 保证器件的高亮度工作；④ 在器件高亮度工作时, 通过器件内的强电场进一步缩短载流子渡越时间, 进而提高器件带宽。我们总结了近年来 OLED 用于可见光通信领域的单通道性能表现, 见表 2-3。

表 2-3　近年来 OLED 用于可见光通信领域的单通道性能表现

OLED	面积	带宽	速率	文献
飞利浦白光 OLED	3 cm×4 cm	150 kHz	2.15 Mbit/s	[18]
欧司朗白光 OLED	—	93 kHz	550 kbit/s	[19]
欧司朗白光 OLED	—	93 kHz	1.4 Mbit/s	[20]
欧司朗白光 OLED	—	93 kHz	2.7 Mbit/s	[21]
定制 OLED	14 mm×7 mm	270 kHz	—	[23]
定制 OLED	3.5 mm^2	350 kHz	20 Mbit/s	[25]
定制 OLED	3 mm×12 mm	460 kHz	50 Mbit/s	[27]
定制 OLED	0.018 mm^2	26 MHz	—	[28]
定制 OLED	0.3 mm^2	40 MHz	—	[30]
定制 OLED	9.2×10^{-4} cm^2	245 MHz	1.13 Gbit/s	[31]

　　为了进一步提升通信速率，多通道通信技术也用于 OLED。伦敦大学学院、诺森比亚大学和爱丁堡大学的研究团队利用 RGB 三色共轭聚合物 MDMO-PPV、F8BT 和 F8:TFB:PFB，实现了基于波分复用（Wavelength Division Multiplexing，WDM）技术的三色 OLED 并行通信，其通信速率达到 55 Mbit/s[32]。

　　此外，OLED 的柔性也在可见光通信领域得到了探索。研究发现，在弯曲状态，OLED 发光的远场分布沿着弯曲轴方向具有很强的指向性。相比于传统的朗伯光源，OLED 对远场光分布具有更灵活的控制，可有效减小均方根时延扩展和光路损耗[33]。

　　我们概括并展望了提升 OLED 可见光通信性能的关键方向，如图 2-27 所示。其中，发光面积和并行通信方面，近年来已有不少工作报道，载流子迁移率方面的工作也开始起步，而发光材料以及稳定性方面则需要更多的关注。发光材料的光谱会影响波分复用时并行通信子通道间的串扰程度。光谱越窄，能够用于并行通信的子通道就越多。而发光材料的荧光寿命则为 OLED 的带宽优化提供了一个新的维度，下一小节会做更多的介绍。OLED 在大电流下的稳定性是保障 OLED 实现高速通信及其产业化的关键。只有实现 OLED 在大电流下稳定工作，才可以通过缩小发光面积、加大器件工作电流来提升 OLED 的调制带宽。同时，在大电流下稳定性的提升能够进一步提高 OLED 的发光亮度，进而增加 OLED 的可见光通信距离。由此可见，OLED 可见光通信应用的下一步发展需要更多地依赖有机材料领域关键技术的突破。

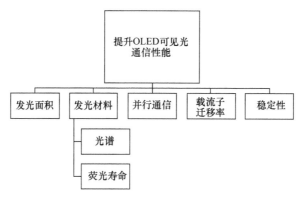

图 2-27 提升 OLED 可见光通信性能的关键方向

| 2.6 适合可见光通信的有机发光材料 |

虽然目前OLED的带宽受制于OLED结电容和有机材料载流子迁移率这两个因素，但有机发光材料在可见光通信领域的应用潜力却受到了广泛关注。有机发光材料荧光量子产率高、吸收强、光谱成分易调、支持溶液成膜，以极少的材料消耗可以实现可见光全波段的高效发光，并与产业化打印和印刷技术兼容[34-45]。研究工作也从最初的基于 OLED 的可见光通信拓展到基于有机发光材料的可见光通信。2014 年，英国圣安德鲁斯大学 Samuel 和 Turnbull 的研究团队首次提出用有机发光材料替代荧光粉，与高带宽 GaN 基 Micro-LED 结合，形成复合白光，从而发展出具有高带宽、高光色质量的白光可见光通信光源[46]。摆脱了 OLED 结电容和有机发光材料载流子迁移率的制约，有机发光材料的带宽仅仅取决于有机材料的荧光寿命。传统的稀土掺杂型荧光粉的荧光寿命是微秒量级的，而有机发光材料激子从 S_1 能级到 S_0 能级的时间尺度是纳秒量级的，因此小分子荧光材料和有机共轭聚合物材料能够提供远超传统荧光粉的调制带宽。这一大胆尝试为解决荧光粉制约白光带宽的问题提供了全新的思路。

另外，蓝光或紫外 LED 或者激光二极管与有机下转换发光材料组成的杂化白光光源也是形成高品质、高性价比白光光源的主流方法，如用蓝光 LED 与红绿色有机下转换发光材料形成复合白光，或者用紫外激光二极管与 RGB 三色有机下转换发光材料形成复合白光。这种方法可以获得可调的发光光谱和较高的 CRI。根据欧盟第七研发框架计划 LASSIE 的项目报告，有机下转换发光材料与 LED 组成的白光光源，其发光效率高于 OLED，更接近无机 LED，最高值可达到近 200 lm/W，同时还能提供大于 90 的 CRI，是极具推广潜力的照明器件。

图 2-28 所示为典型的基于有机下转换发光材料和蓝光 Micro-LED 的可见光通信系统。有机发光材料吸收部分来自 LED 的短波长光，并将其转换成长波长光。$H_{LED}(\omega)$、$H_{ORG}(\omega)$ 分别为 LED 和有机材料的频率响应函数，α 为 LED 光被有机材料吸收的比例，η 为有机材料下转换过程中转换发光的光功率与被吸收光的光功率的比值（例如，1 W 的被吸收 LED 光可以转换出 0.5 W 的长波长光，则 $\eta = 0.5$）。$P_{INPUT}(\omega, t)$、$P_{LED}(\omega, t)$、$P_{ORG}(\omega, t)$ 和 $P_{TOTAL}(\omega, t)$ 分别为电源输入功率、LED 输出功率、有机下转换发光材料输出功率和白光器件输出总功率。$P_{LED}(\omega, t)$、$P_{ORG}(\omega, t)$ 和 $P_{TOTAL}(\omega, t)$ 的表达式分别为

$$P_{LED}(\omega, t) = P_{INPUT}(\omega, t)H_{LED}(\omega) \tag{2-8}$$

$$P_{ORG}(\omega, t) = \alpha\eta P_{LED}(\omega, t)H_{ORG}(\omega) \tag{2-9}$$

$$P_{TOTAL}(\omega, t) = P_{INPUT}(\omega, t)H_{LED}(\omega)[1-\alpha+\alpha\eta H_{ORG}(\omega)] \tag{2-10}$$

其中，$H_{LED}(\omega)$ 和 $H_{ORG}(\omega)$ 分别用式（2-11）和式（2-12）描述[47-48]。

$$H_{LED}(\omega) = 1/(1+ j\omega\tau_{LED}) \tag{2-11}$$

$$H_{ORG}(\omega) = 1/(1+ j\omega\tau_{OGR}) \tag{2-12}$$

τ_{LED} 为 LED 的调制响应时间，τ_{ORG} 为有机材料的调制响应时间。这里，τ_{ORG} 仅受有机材料荧光寿命影响，因此，此处的 τ_{ORG} 可以直接用有机材料荧光寿命替代。

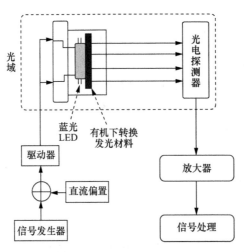

图 2-28　基于有机下转换发光材料和蓝光 Micro-LED 的可见光通信系统

Samuel 和 Turnbull 的团队一开始尝试了商用有机发光材料，香豆素 6 和共轭聚合物 SuperYellow，他们的荧光寿命分别约为 3 ns 和 1 ns。经测试，两者−3 dB 调制带宽可以分别达到 50 MHz 和 200 MHz，与传统荧光粉相比，分别提升了 10 倍和 40 倍[46,49]。为了进一步挖掘有机发光材料的带宽潜力，该团队对硼二吡咯甲基衍生物（BODIPY）进行分子结构调控，合成得到星形 BODIPY 聚苂分子，实现了带宽的翻倍[50-52]。该团队还尝试将两种不同的共轭聚合物混合作为有机下转换发光材料。一种是绿光材料 BBEHP-PPV(poly[2,5-bis(2′,5′-bis(2″-ethylhexyloxy) phenyl)-*p*-phenylenevinylene]），另一种是橙红光材料 MEH-PPV（poly[2-methoxy-5- (2′-ethyl-hexyloxy)-1, 4-phenylene-vinylene]），两者都有很短的荧光寿命。混合后，有机下转换发光材料的荧光寿命低于 1 ns，调制带宽超过 200 MHz。形成的复合白光中同时存在 RGB 成分，使得白光光源的 CRI 提高到 80 左右，因此在调制带宽和光色质量两个方面同时达到了较好的水平[53]。

2017 年，圣安德鲁斯大学、思克莱德大学、牛津大学和考文垂大学的研究团队将 MEH-PPV 分子中烷氧基桥设计引入 BBEHP-PPV 分子的骨架结构，合成了一种新型材料 BBEHBO-PPV。这种材料荧光寿命不足 0.4 ns，带宽达到 470 MHz[54]。同年，厦门大学、中国科学院海西研究院泉州装备制造研究所、芝加哥大学提出了荧光染料负载金属−有机框架的新体系，其中金属−有机框架分子和荧光染料分别提供蓝光和橙光，在 395 nm 波长的 LED 激发下，其带宽表现与传统荧光粉相比有 6 倍提升[55]。2018 年，深圳大学、香港理工大学、南方科技大学的合作团队使用基于聚集诱导发光（Aggregation-Induced Emission, AIE）原理的有机下转换发光材料，实现了 0.97 ns 的荧光寿命和 279 MHz 的调制带宽[56]。类似的报道还包括聚集诱导发光材料与二维金属−有机框架结合形成的快速响应的荧光材料[57]。我们总结了近年来有机发光材料用于可见光通信领域的带宽性能表现，见表 2-4。

表 2-4　近年来有机发光材料用于可见光通信领域的带宽性能表现

年份	分子名称	颜色	PLQY	荧光寿命	带宽	文献
2014	SuperYellow	黄光	60%	1 ns	>200 MHz	[46]
2015	星形 BODIPY 分子（液态）	红光	55%～75%	3.4～5.2 ns	38～39 MHz	[50]
2015	BBEHP-PPV/MEH-PPV 混合物	黄光	25%～28%	<1 ns	>200 MHz	[53]
2016	香豆素 6	绿光	80%～95%	3.1 ns	50.2 MHz	[49]
2016	星形 BODIPY 分子（固态）	红光	22%～55%	3.2～8.2 ns	73 MHz	[51]

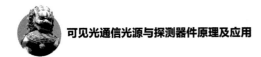

（续表）

年份	分子名称	颜色	PLQY	荧光寿命	带宽	文献
2017	星形 T4BT-B/BODIPY 混合物	黄绿光	61%～92%	6.7～11 ns	40～55 MHz	[52]
2017	BBEHBO-PPV	黄绿光	67%（液） 45%（固）	0.7 ns（液） 0.4 ns（固）	470 MHz	[54]
2017	RhB@Al-DBA	混合白光	12%	1.8 ns（蓝） 5.3 ns（黄）	3.6 MHz	[55]
2017	Zr-TCBPE-MOL	黄光	50%	2.6 ns	—	[57]
2018	AIEgens	发光由浅蓝色 至红色不等	19%～59%	0.97～3.38 ns	103～279 MHz	[56]

与此同时，基于有机下转换发光材料波分复用并行通信的研究也在开展。BBEHP-PPV 和 BODIPY 分别吸收 Micro-LED 的蓝光构成绿光和红光的两个子通道，并与另一路蓝光 Micro-LED 子通道形成 RGB 三色波分复用并行通信，该白光光源通信速率达到了 2.3 Gbit/s[58]。有机发光材料在可见光通信领域的快速发展获得了研究者极大的关注，*Nature Photonics* 2017 年特辑 "Organics go hybrid" 一文就指出，这类基于有机下转换发光材料的白光光源，在照明领域和无线通信领域都具备了极大的发展潜力[59]。

提升有机下转换发光材料带宽的核心是在不牺牲荧光量子产率的前提下尽可能缩短有机材料的荧光寿命。荧光寿命受两方面因素影响，一是分子结构和电子云分布，二是发光材料的激子所处的电磁场环境。因此，材料合成方面的突破是其中一个重要的方面，材料合成能通过改变第一个影响因素提高有机材料带宽。而改变第二个因素可以通过调控有机材料发光时激子的局域电磁场环境来实现，即珀塞尔效应（Purcell Effect），这也为提升有机材料带宽提供了一个新的思路。

根据费米黄金定律（Fermi's Gold Law），激子自发辐射速率与其所处局域环境光子态的密度成正比，光子环境对光学态密度增加的程度可以用珀塞尔因子来描述[60-61]。珀塞尔因子记为 F_p，计算方法表示为

$$F_p = \frac{3}{4\pi^2}\left(\frac{\lambda_c}{n}\right)^3\left(\frac{Q}{V}\right) \qquad (2\text{-}13)$$

其中，Q 表示谐振腔的品质因子，V 表示谐振腔的体积。近场激子会与金属表面的自由电子发生共振，形成表面等离激元。该模式可以提供很高的 Q/V 比，是理想的增加有机材料带宽的手段。通过引入纳米结构将表面振荡传播的表面等离激元耦合

到自由空间，形成远场辐射，在不影响荧光量子产率的基础上，大幅度缩短有机材料的荧光寿命。激子与金属纳米结构间的能量转移如图 2-29 所示，其中 Γ_0 和 Γ_{nr} 分别为激子的辐射跃迁和非辐射跃迁，Γ_g 为激子与金属纳米结构的近场能量耦合，Γ_r' 和 Γ_{nr}' 分别为金属纳米结构的远场辐射和非辐射的倏逝场。

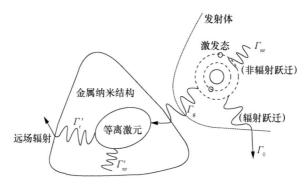

图 2-29　激子与金属纳米结构间的能量转移示意

2018 年，复旦大学研究团队提出了使用基于双曲超构材料的纳米结构拓展有机发光材料调制带宽的技术路线，并通过理论计算和实验验证，证明了这条路线的可行性，将有机发光材料的带宽提升了 67%[62]。区别于生物成像领域利用珀塞尔效应增强单一波长荧光信号，该工作实现了有机下转换发光材料全波长范围的珀塞尔效应，通过创造更多激子参与金属表面相互作用并耦合出光的环境，减少了荧光寿命被平均化的效果，完成了有效的带宽提升。这条技术路线还有不少减少材料荧光寿命的纳米结构制备方法[63-65]，但下一步需要克服的挑战是如何在进一步增强有机下转换发光材料带宽的基础上，同时实现工艺和结构的简化以及成本的降低。

波分复用是提高通信速率的常用手段，而对于有机下转换发光材料而言，更窄的光谱谱线宽度能够有效增加波分复用子通道数目。由于具有很强的光谱展宽效应，有机发光材料并不是理想的波分复用材料，而量子点作为窄光谱发光材料，是极具潜力的波分复用有机下转换发光材料。2016 年，阿卜杜拉国王科技大学的研究团队报道了使用铯铅溴（$CsPbBr_3$）钙钛矿纳米晶作为有机下转换发光材料[66]。2018 年，复旦大学的研究团队报道了使用铯铅溴碘（$CsPbBr_{1.8}I_{1.2}$）钙钛矿量子点作为有机下转换发光材料[67]。量子点目前的挑战在于其荧光寿命往往在数纳秒到数十纳秒的范围，还无法达到亚纳秒的时间量级。

我们概括总结了提升有机下转换发光材料带宽的关键方向，如图 2-30 所示。除了之前提到的荧光寿命、宽谱珀塞尔效应和窄光谱量子点，材料的光/热/水稳定性也是其迈向产业化发展的重要一环[68]。

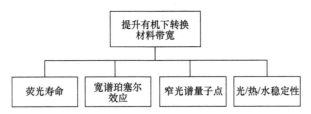

图 2-30　提升有机下转换发光材料带宽的关键方向

| 参考文献 |

[1] POPE M, KALLMANN H P, MAGNANTE P. Electroluminescence in organic crystals[J]. The Journal of Chemical Physics, 1963, 38(8): 2042-2043.

[2] VISCO R E, CHANDROSS E A. Electroluminescence in solutions of aromatic hydrocarbons[J]. Journal of the American Chemical Society, 1964, 86(23): 5350-5351.

[3] HELFRICH W, SCHNEIDER W G. Recombination radiation in anthracene crystals[J]. Physical Review Letters, 1965, 14(7): 229.

[4] WILLIAMS D F, SCHADT M. A simple organic electroluminescent diode[J]. Proceedings of the IEEE, 1970, 58(3): 476.

[5] VINCETT P S, BARLOW W A, HANN R A, et al. Electrical conduction and low voltage blue electroluminescence in vacuum-deposited organic films[J]. Thin Solid Films, 1982, 94(2): 171-183.

[6] TANG C W, VANSLYKE S A. Organic electroluminescent diodes[J]. Applied Physics Letters, 1987, 51(12): 913-915.

[7] TANG C W, VANSLYKE S A, CHEN C H. Electroluminescence of doped organic thin films[J]. Journal of Applied Physics, 1989, 65(9): 3610-3616.

[8] BALDO M A, O'BRIEN D F, YOU Y, et al. Highly efficient phosphorescent emission from organic electroluminescent devices[J]. Nature, 1998, 395(6698): 151-154.

[9] ENDO A, OGASAWARA M, TAKAHASHI A, et al. Thermally activated delayed fluorescence from Sn4+-porphyrin complexes and their application to organic light-emitting diodes—A novel mechanism for electroluminescence[J]. Advanced Materials, 2009, 21(47): 4802-4806.

[10] BURROUGHES J H, BRADLEY D D C, BROWN A R, et al. Light-emitting diodes based on conjugated polymers[J]. Nature, 1990, 347(6293): 539-541.

[11] AMRUTH C, LUSZCZYNSKA B, DUPONT B G R, et al. Inkjet printing technique and its application in organic light emitting diodes[J]. Display and Imaging, 2016(2): 339-358.

[12] HAST J, TUOMIKOSKI M, SUHONEN R, et al. Roll-to-roll manufacturing of printed OLEDs[C]//Sid Symposium Digest of Technical Papers. Oxfrod: Blackwell Publishing Ltd, 2013, 44(1): 192-195.

[13] MARKHAM J P J, LO S C, MAGENNIS S W, et al. High-efficiency green phosphorescence from spin-coated single-layer dendrimer light-emitting diodes[J]. Applied Physics Letters, 2002, 80(15): 2645-2647.

[14] LAI W Y, LEVELL J W, BALFOUR M N, et al. The 'double dendron' approach to host free phosphorescent poly(dendrimer) OLEDs[J]. Polymer Chemistry, 2012, 3(3): 734.

[15] GREENHAM N C, SAMUEL I D W, HAYES G R, et al. Measurement of absolute photoluminescence quantum efficiencies in conjugated polymers[J]. Chemical Physics Letters, 1995, 241(2): 89-96.

[16] SUZUKI K, KOBAYASHI A, KANEKO S, et al. Reevaluation of absolute luminescence quantum yields of standard solutions using a spectrometer with an integrating sphere and a back-thinned CCD detector[J]. Physical Chemistry Chemical Physics, 2009, 11(42): 9850-9860.

[17] DUNCAN R R, BERGMANN A, COUSIN M A, et al. Multi-dimensional time-correlated single photon counting (TCSPC) fluorescence lifetime imaging microscopy (FLIM) to detect FRET in cells[J]. Journal of Microscopy, 2004, 215(1): 1-12.

[18] LE MINH H, GHASSEMLOOY Z, BURTON A, et al. Equalization for organic light emitting diodes in visible light communications[C]//IEEE Globecom Workshops. Piscataway: IEEE Press, 2012: 828-832.

[19] HAIGH P A, GHASSEMLOOY Z, MINH H L, et al. Exploiting equalization techniques for improving data rates in organic optoelectronic devices for visible light communications[J]. Journal of Lightwave Technology, 2012, 30(19): 3081-3088.

[20] HAIGH P A, GHASSEMLOOY Z, PAPAKONSTANTINOU I. 1.4 Mbit/s white organic LED transmission system using discrete multitone modulation[J]. IEEE Photonics Technology Letters, 2013, 25(6): 615-618.

[21] HAIGH P A, GHASSEMLOOY Z, PAPAKONSTANTINOU I, et al. 2.7 Mbit/s with a 93 kHz white organic light emitting diode and real time ANN equalizer[J]. IEEE Photonics Technology Letters, 2013, 25(17): 1687-1690.

[22] PARK J. Speedup of dynamic response of organic light-emitting diodes[J]. Journal of Lightwave Technology, 2010, 28(19): 2873-2880.

[23] CHUN H, CHIANG C J, MONKMAN A, et al. A study of illumination and communication using organic light emitting diodes[J]. Journal of Lightwave Technology, 2013, 31(22): 3511-3517.

[24] HAIGH P A, BAUSI F, GHASSEMLOOY Z, et al. Visible light communications: real time 10 Mbit/s link with a low bandwidth polymer light-emitting diode[J]. Optics Express, 2014, 22(3): 2830.

[25] HAIGH P A, BAUSI F, KANESAN T, et al. A 20-Mbit/s VLC link with a polymer LED and a multilayer perceptron equalizer[J]. IEEE Photonics Technology Letters, 2014, 26(19): 1975-1978.

[26] LE S T, KANESAN T, BAUSI F, et al. 10 Mbit/s visible light transmission system using a polymer light-emitting diode with orthogonal frequency Division multiplexing[J]. Optics Letters, 2014, 39(13): 3876-3879.

[27] CHEN H J, XU Z Y, GAO Q, et al. A 51.6 Mbit/s experimental VLC system using a monochromic organic LED[J]. IEEE Photonics Journal, 2018, 10(2): 1-12.

[28] BARLOW I A, KREOUZIS T, LIDZEY D G. High-speed electroluminescence modulation of a conjugated-polymer light emitting diode[J]. Applied Physics Letters, 2009, 94(24): 243301.

[29] KROON R, DIAZ DE ZERIO MENDAZA A, HIMMELBERGER S, et al. A new tetracyclic lactam building block for thick, broad-bandgap photovoltaics[J]. Journal of the American Chemical Society, 2014, 136(33): 11578-11581.

[30] AHMAD V, SHUKLA A, SOBUS J, et al. Polymer light emitting devices: high-speed OLEDs and area-emitting light-emitting transistors from a tetracyclic lactim semiconducting polymer (advanced optical materials 21/2018)[J]. Advanced Optical Materials, 2018, 6(21): 1800768.

[31] YOSHIDA K, MANOUSIADIS P P, BIAN R, et al. 245 MHz bandwidth organic light-emitting diodes used in a gigabit optical wireless data link[J]. Nature Communications, 2020(11): 1171.

[32] HAIGH P A, BAUSI F, LE MINH H, et al. Wavelength-multiplexed polymer LEDs: towards 55 Mbit/s organic visible light communications[J]. IEEE Journal on Selected Areas in Communications, 2015, 33(9): 1819-1828.

[33] CHEN H J, XU Z Y. OLED panel radiation pattern and its impact on VLC channel characteristics[J]. IEEE Photonics Journal, 2018, 10(2): 1-10.

[34] DIAO Y, TEE BENJAMINC K, GIRI G, et al. Solution coating of large-area organic semiconductor thin films with aligned single-crystalline domains[J]. Nature Materials, 2013, 12(7): 665-671.

[35] PU Y J, CHIBA T, IDETA K, et al. Fabrication of organic light-emitting devices comprising stacked light-emitting units by solution-based processes[J]. Advanced Materials, 2014, 27(8): 1327-1332.

[36] SANDSTRÖM A, ASADPOORDARVISH A, ENEVOLD J, et al. Spraying light: Ambient-air fabrication of large-area emissive devices on complex-shaped surfaces[J]. Advanced Materials, 2014, 26(29): 4975-4980.

[37] MUHIEDDINE K, ULLAH M, PAL B N, et al. All solution-processed, hybrid light emitting field-effect transistors[J]. Advanced Materials, 2014, 26(37): 6410-6415.

[38] HÖSEL M, ANGMO D C, SØNDERGAARD R R, et al. High-volume processed, ITO-free superstrates and substrates for roll-to-roll development of organic electronics[J]. Advanced Science, 2014, 1(1): 1400002.

[39] WHITWORTH G L, ZHANG S, STEVENSON J R Y, et al. Solvent immersion nanoimprint lithography of fluorescent conjugated polymers[J]. Applied Physics Letters, 2015, 107(16): 163301.

[40] PARK M H, KIM J Y, HAN T H, et al. Flexible lamination encapsulation[J]. Advanced Materials, 2015, 27(29): 4308-4314.

[41] ZHANG Q S, LI B, HUANG S P, et al. Efficient blue organic light-emitting diodes employing thermally activated delayed fluorescence[J]. Nature Photonics, 2014, 8(4): 326-332.

[42] LEE J, CHEN H F, BATAGODA T, et al. Deep blue phosphorescent organic light-emitting diodes with very high brightness and efficiency[J]. Nature Materials, 2016, 15(1): 92-98.

[43] LIU J, ZHANG H T, DONG H L, et al. High mobility emissive organic semiconductor[J]. Nature Communications, 2015(6): 10032.

[44] REHMANN N, ULBRICHT C, KÖHNEN A, et al. Advanced device architecture for highly efficient organic light-emitting diodes with an orange-emitting crosslinkable iridium(III) complex[J]. Advanced Materials, 2008, 20(1): 129-133.

[45] KIM Y H, LEE J, KIM W M, et al. We want our photons back: simple nanostructures for white organic light-emitting diode outcoupling[J]. Advanced Functional Materials, 2014, 24(17): 2553-2559.

[46] CHUN H, MANOUSIADIS P, RAJBHANDARI S, et al. Visible light communication using a blue GaN µLED and fluorescent polymer color converter[J]. IEEE Photonics Technology Letters, 2014, 26(20): 2035-2038.

[47] HARTH W, HUBER W, HEINEN J. Frequency response of GaAlAs light-emitting diodes[J]. IEEE Transactions on Electron Devices, 1976, 23(4): 478-480.

[48] CAO H C, LIN S, MA Z H, et al. Color converted white light-emitting diodes with 637.6 MHz modulation bandwidth[J]. IEEE Electron Device Letters, 2019, 40(2): 267-270.

[49] MANOUSIADIS P P, RAJBHANDARI S, MULYAWAN R, et al. Wide field-of-view fluorescent antenna for visible light communications beyond the étendue limit[J]. Optica, 2016, 3(7): 702.

[50] SAJJAD M T, MANOUSIADIS P P, OROFINO C, et al. Fluorescent red-emitting BODIPY oligofluorene star-shaped molecules as a color converter material for visible light communications[J]. Advanced Optical Materials, 2015, 3(4): 536-540.

[51] VITHANAGE D A, MANOUSIADIS P P, SAJJAD M T, et al. BODIPY star-shaped molecules as solid state colour converters for visible light communications[J]. Applied Physics Letters, 2016, 109(1): 013302.

[52] SAJJAD M T, MANOUSIADIS P P, OROFINO C, et al. A saturated red color converter for visible light communication using a blend of star-shaped organic semiconductors[J]. Applied Physics Letters, 2017, 110(1): 013302.

[53] SAJJAD M T, MANOUSIADIS P P, CHUN H, et al. Novel fast color-converter for visible light communication using a blend of conjugated polymers[J]. ACS Photonics, 2015, 2(2): 194-199.

[54] VITHANAGE D A, KANIBOLOTSKY A L, RAJBHANDARI S, et al. Polymer colour converter with very high modulation bandwidth for visible light communications[J]. Journal of Materials Chemistry C, 2017, 5(35): 8916-8920.

[55] WANG Z Y, WANG Z, LIN B J, et al. Warm-white-light-emitting diode based on a dye-loaded metal-organic framework for fast white-light communication[J]. ACS Applied Materials & Interfaces, 2017, 9(40): 35253-35259.

[56] ZHANG Y L, JIANG M J, HAN T, et al. Aggregation-induced emission luminogens as color converters for visible-light communication[J]. ACS Applied Materials & Interfaces, 2018, 10(40): 34418-34426.

[57] HU X F, WANG Z, LIN B J, et al. Two-dimensional metal-organic layers as a bright and processable phosphor for fast white-light communication[J]. Chemistry-A European Journal, 2017, 23(35): 8390-8394.

[58] MANOUSIADIS P, CHUN H, RAJBHANDARI S, et al. Demonstration of 2.3 Gbit/s RGB white-light VLC using polymer based colour-converters and GaN micro-LEDs[C]//2015 IEEE Summer Topicals Meeting Series. Piscataway: IEEE Press, 2015: 222-223.

[59] LANZANI G, PETROZZA A, CAIRONI M. Organics go hybrid[J]. Nature Photonics, 2017, 11(1): 20-22.

[60] NOVOTNY L, HECHT B. Principles of nano-optics[M]. Cambridge: Cambridge University Press, 2007.

[61] VAHALA K J. Optical microcavities[J]. Nature, 2003, 424(6950): 839-846.

[62] YANG X L, SHI M, YU Y, et al. Enhancing communication bandwidths of organic color converters using nanopatterned hyperbolic metamaterials[J]. Journal of Lightwave Technology, 2018, 36(10): 1862-1867.

[63] TANG X, KRÖGER E, NIELSEN A, et al. Fluorescent metal–semiconductor hybrid structures by ultrasound-assisted in situ growth of gold nanoparticles on silica-coated CdSe-dot/CdS-rod nanocrystals[J]. Chemistry of Materials, 2019, 31(1): 224-232.

[64] WANG P, KRASAVIN A V, VISCOMI F N, et al. Metaparticles: dressing nano-objects with a hyperbolic coating[J]. Laser & Photonics Reviews, 2018, 12(11): 1800179.

[65] CAMPOSEO A, PERSANO L, MANCO R, et al. Metal-enhanced near-infrared fluorescence by micropatterned gold nanocages[J]. ACS Nano, 2015, 9(10): 10047-10054.

[66] DURSUN I, SHEN C, PARIDA M R, et al. Perovskite nanocrystals as a color converter for visible light communication[J]. ACS Photonics, 2016, 3(7): 1150-1156.

[67] MEI S L, LIU X Y, ZHANG W L, et al. High-bandwidth white-light system combining a micro-LED with perovskite quantum dots for visible light communication[J]. ACS Applied Materials & Interfaces, 2018, 10(6): 5641-5648.

[68] XIE Y J, YU Y, GONG J Y, et al. Encapsulated room-temperature synthesized CsPbX3 perovskite quantum dots with high stability and wide color gamut for display[J]. Optical Materials Express, 2018, 8(11): 3494-3505.

第 3 章

基于 Micro-LED 的可见光通信

可见光通信最主要的光源是 LED，但商用 LED 的调制带宽仅有几十 MHz，极大地限制了通信速率。微米 LED（Micro-LED）作为一种新型光源，具有驱动电流密度大、单位面积亮度高、结电容小等优点，其调制带宽可达 GHz 量级，使得采用 Micro-LED 的可见光通信技术可以获得 Gbit/s 量级的数据速率，因此 Micro-LED 在可见光通信领域具备很大的优势。本章对基于 Micro-LED 的可见光通信进行概述，从 Micro-LED 的制备流程出发，分析 Micro-LED 的光电特性与调制带宽，介绍常见的基于 Micro-LED 的可见光通信系统的搭建方法，同时介绍前沿的智能多功能 Micro-LED 系统。

| 3.1 Micro-LED 的制备 |

Micro-LED 的性能高度依赖于 LED 外延材料的质量以及制备这些 Micro-LED 的加工工艺。即便采用相同的 LED 外延材料，若采用不同的制备工艺和条件，所制备的 Micro-LED 可能具有截然不同的光电特性。下面将结合 Micro-LED 制备过程以及常用的微纳加工设备，简要介绍 Micro-LED 制备的主要步骤。一个典型的制备流程包括 LED 外延材料生长、生长氧化铟锡（ITO）透明电极、光刻掩模、刻蚀形成 Micro-LED 台面、生长 SiO$_2$ 隔离层、制备金属电极。列举一些必要的工艺设备，对一些工艺细节进行整理与分析，并简要描述 Micro-LED 的基本光电特性。

3.1.1 光刻

光刻（Photolithography）主要用于图形的定义。图形的定义是将设计的图形从模板或掩模转移到目标样品或衬底的至关重要的第一步。在微制造中，光刻随着现代半导体工业的蓬勃发展而发展，并且已经在大规模集成电路的大规模生产中取得了巨大成功。光刻使用光和掩模在特殊的光敏材料上产生图形，图案化的光敏材料称为光致抗蚀剂层或光刻层。黄光对于光刻来说是至关重要的，这是因为光刻胶（Photoresist）在短波长光下意外暴露会失效或变性，但是对波长大于 500 nm 的光并不敏感，所以与光刻胶相关的加工过程可以在黄光照明的超净间中进行。超净间黄光区的紫外光刻机（型号：MA6）如图 3-1 所示。

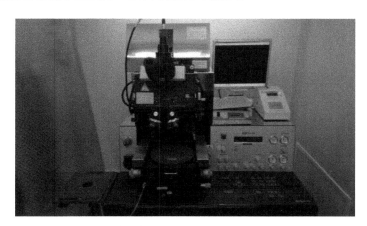

图 3-1　超净间黄光区的紫外光刻机（型号：MA6）

光刻主要包括样品的脱水烘焙（Dehydration Bake）、光刻胶的旋涂（Spin Coating）、光刻胶前烘（Photoresist Pre-Bake）、曝光（Exposure）、显影（Development）、后烘（Post-Bake）（又称为坚膜或曝光后烘焙（Post Exposure Bake））、冲洗和干燥。

为了形成没有缺陷的高质量光刻胶薄膜，在旋涂光刻胶之前，将清洗好的样品放在加热板上预烘，进行样品的脱水烘焙。

光刻胶的旋涂是将光刻胶滴在样品表面，通过控制旋涂的参数，在样品表面形成均匀、附着性强且没有缺陷的光刻胶薄膜。旋涂的光刻胶的厚度可以根据旋涂的速度（转速）和旋涂的时间进行调整。不同光刻胶的旋涂参数各不相同。

将上述经过光刻胶旋涂的样品放在加热板上进行烘烤，也就是光刻胶前烘[1-2]。通过该步骤将光刻胶中残留的溶剂蒸发掉，缓和由高速旋转引起的薄膜应力，进而提高光刻胶的附着力[3]。前烘的时间取决于光刻胶的类型和厚度。旋涂有光刻胶的样品在经过光刻胶前烘之后，光刻胶在其表面固化，样品表面形成具有均匀厚度的光刻胶薄膜。

通过光掩模（Photomask）进行曝光，在曝光前，通过调节样品台和显微镜实现掩模与样品的对准，设计的掩模图形（玻璃镀铬图形），通过曝光过程转移到光刻胶中。光掩模包含由透光区域和不透光区域组成的特别设计的图形。透光区域下的光刻胶的性质由于光刻胶和紫外光之间的反应而改变，而未曝光的光刻胶的性质保持不变。在曝光过程之后，将样品浸入合适的显影液，去除不需要的光刻胶并在样品上保持所需的光刻胶图形。

曝光的工艺参数和显影的时间取决于光刻胶的类型和厚度。显影后留下的光刻胶图形将在后续的刻蚀工艺中作为掩模。

在刻蚀之前，需要对经过显影的样品进行后烘。后烘的主要作用是：① 进一步去除光刻胶中残留的溶剂，增强光刻胶和样品之间的粘附性；② 提高光刻胶在刻蚀过程中的耐蚀性和保护能力。

3.1.2　湿法刻蚀和干法刻蚀

在图形转移过程中，光刻定义的光刻胶图形被用作刻蚀下层材料的掩模层。刻蚀主要包括湿法刻蚀和干法刻蚀。湿法刻蚀的工艺简单，易于操作且成本低廉。刻蚀选择比是指在刻蚀工艺中，被刻蚀材料的刻蚀速率与其他材料的刻蚀速率的比。但是大多数非晶或多晶材料在化学腐蚀液中的刻蚀速率是各向同性的，即刻蚀速率在横向和垂直方向上是相同的。因此，在掩模层边缘下方的材料会出现钻刻（Undercut）现象，也就是横向刻蚀。湿法刻蚀用于图形转移的主要缺点是掩模层边缘下方材料的钻刻现象降低了刻蚀图形的分辨率，这使得湿法刻蚀不能满足大规模集成电路对精细线条加工工艺的要求。

为了获得具有高分辨率的转移图形，发展了干法刻蚀工艺。干法刻蚀主要包括电感耦合等离子体（Inductively Coupled Plasma，ICP）刻蚀、反应离子刻蚀（Reactive Ion Etching，RIE）、溅射刻蚀等。

在 Micro-LED 的制备过程中，SiO_2 隔离层的图形化通常是通过湿法刻蚀实现的。但是较长时间的刻蚀过程可能会导致 SiO_2 过度横向刻蚀，从而给 Micro-LED 引入了电流泄漏路径。为了实现 SiO_2 隔离层光刻胶图形的高精度转移，也可以结合湿法刻蚀和干法刻蚀。除此之外，ITO 电流扩展层的图形转移以及 Micro-LED 台面的制备都需要通过刻蚀来实现。

1. 湿法刻蚀 ITO

ITO 是一种透明导电薄膜，且易与 GaN 构成欧姆接触，经常被用作 LED 的电流扩展层。在 Micro-LED 的制备过程中，我们需要定义出像素的图形，有时需要将覆盖在 P 型 GaN 层上的 ITO 图形化，这时就需要用到湿法刻蚀。可以用王水作为

ITO 的腐蚀液，王水的配比为浓 HCl、浓 HNO_3 按照 3:1 的体积比混合。

2. 干法刻蚀 GaN 外延层

刻蚀 GaN 外延层制备 Micro-LED 的台面，从 P 型 GaN 层一直刻蚀到 N 型 GaN 层，通常使用 ICP 刻蚀或 RIE 对 GaN 外延层进行干法刻蚀。RIE 是早期的刻蚀方式，具有单一的射频源，无法实现在适当刻蚀速率下的低损伤刻蚀。工作气压高，不利于控制刻蚀形貌；等离子体密度低，则无法获得高刻蚀速率。为了提高刻蚀速率，需要增加射频源的功率来增强离子轰击的强度，但这样的做法对掩模有很大的伤害，器件损伤增大，同时表面平整度也不高。ICP 刻蚀在 RIE 的基础上增加了一路射频源，使反应腔产生一个交变磁场，电子在磁场中螺旋运动，从而电离出更多离子。这两个射频源相互独立，通过控制两个射频源的功率，可以实现离子浓度、轰击强度的调配，相互独立的射频源有利于控制形貌、减小损伤。通常使用 Cl⁻基气体刻蚀 GaN，也可以使用惰性气体起到缓冲作用。用于图形转移的 Plasmalab ICP 180 刻蚀系统如图 3-2 所示。

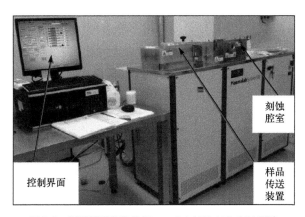

图 3-2　用于图形转移的 Plasmalab ICP 180 刻蚀系统

3. 干法与湿法刻蚀 SiO_2 隔离层

兼具隔离保护和抑制漏电流功能的 SiO_2 隔离层是成功制备 Micro-LED 阵列器件的关键。因此，对 SiO_2 薄膜的沉积以及刻蚀要求都比较高。

常用等离子体增强化学气相沉积（PECVD）进行 SiO_2 沉积，得到的 SiO_2 薄膜用作不同 Micro-LED 结构的标准隔离层。用于生长 SiO_2 隔离层的 Oxford Plasmalab 100 PECVD 系统如图 3-3 所示。

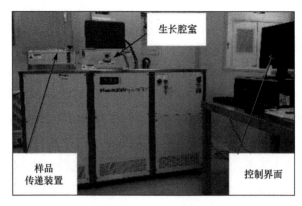

图 3-3　用于生长 SiO$_2$ 隔离层的 Oxford Plasmalab 100 PECVD 系统

化学气相沉积是指含有所需成分的气体在衬底表面反应并在衬底上形成非挥发性固体薄膜的过程。反应气体被引入生长腔室进行分解并在加热的衬底表面反应形成一层薄膜。PECVD 使用射频激发的辉光放电将能量转移到反应气体上，从而使衬底保持相对低的温度。除此之外，PECVD 还可以提高沉淀速率，同时较精确地控制生长速率，而且所生长的薄膜的结构具有很好的致密性等优点[4]。PECVD 沉积 SiO$_2$ 薄膜常用的生长气体为 SiH$_4$ 和 N$_2$O，成膜过程中反应的化学方程式为

$$SiH_4 + 2N_2O \rightarrow SiO_2 + 2N_2\uparrow + 2H_2\uparrow \tag{3-1}$$

为了沉积金属制备阴/阳极，需要在沉积的 SiO$_2$ 薄膜表面开孔，形成金属互联。通常用 PECVD 沉积的 SiO$_2$ 在金属层形成的阳极和阴极之间作为隔离层。在这种情况下，得到一个清晰的 SiO$_2$ 图形对 Micro-LED 的性能至关重要。可以使用干法刻蚀和湿法刻蚀结合的方式刻蚀 SiO$_2$ 薄膜，先使用 ICP 刻蚀部分 SiO$_2$，再使用湿法刻蚀来去除剩余的较少部分。该方法充分利用了干法刻蚀各向异性的特点，同时避免了较长时间湿法刻蚀导致的钻刻现象。

干法刻蚀 SiO$_2$ 可以使用 CHF$_3$ 气体。Micro-LED 阵列器件的制备通常使用 HF 溶液湿法刻蚀 SiO$_2$ 隔离层。然而，纯 HF 溶液与 SiO$_2$ 反应强烈，因此使用 HF 溶液的湿法刻蚀具有非常高的刻蚀速率。因此，通常使用加入 NH$_4$F 稀释的 HF 溶液代替纯 HF 溶液，即缓冲氧化物刻蚀液（Buffered Oxide Etch，BOE），实现更可控和稳定的 SiO$_2$ 刻蚀工艺。用于刻蚀 SiO$_2$ 层的 BOE 通常是体积比为 6:1 的 40% NH$_4$F 水溶液与 49% HF 水溶液的混合物，其中的 NH$_4$F 是为了维持 HF 的浓度并控制 pH 值（减少对光刻胶的刻蚀）。湿法刻蚀 SiO$_2$ 的化学方程式如式（3-2）[5]所示。

$$SiO_2 + 6HF \rightarrow H_2SiF_6 + 2H_2O \tag{3-2}$$

使用 BOE 刻蚀 SiO_2 可以得到一个较缓慢的刻蚀速率，因而可以实现高平整、高精度的 SiO_2 隔离层光刻图形的转移。

3.1.3　金属欧姆接触的制备

为了制备高性能 Micro-LED，通过金属沉积形成金属欧姆接触是器件制备过程中的重要步骤。

电流扩展层和金属欧姆接触层都是 Micro-LED 的重要结构组成部分，通常可以通过电子束蒸发系统或者磁控溅射系统等设备进行金属层的沉积，如图 3-4 所示。

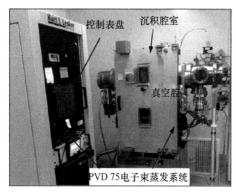

(a) 电子束蒸发镀膜系统　　　　　　　　(b) 磁控溅射系统

图 3-4　金属层沉积设备

在电子束蒸发系统蒸镀金属薄膜时，电子流被加速到高能（5～30 keV）状态，然后被引至靶材轰击源材料，动能转换成热能，一小部分材料蒸发气化，从而实现蒸发镀膜。由于该镀膜过程避免了坩埚和原材料之间的反应，因此可以蒸镀高纯度的薄膜。

磁控溅射是在靶材上方形成一个正交电磁场，使电子加速至高速状态后，得以进行来回震荡运动。在沉积腔室内，高速电子在运动过程中电离出大量氩（Ar）离子，而 Ar 离子在磁场加速下轰击靶材，溅射出大量靶材原子或分子，中性的靶材原子或分子在样品上形成薄膜。磁控溅射的特点是成膜速率高，样品温度低，薄膜黏附性好，可实现大面积镀膜。

在 Micro-LED 的制备中，为了形成欧姆接触，需要一个快速热退火（Rapid Thermal

Annealing，RTA）过程，这对实现 Micro-LED 的低接触电阻率很重要。所以，RTA 是形成 GaN 基 Micro-LED 的 P 型接触和改善侧壁表面缺陷的重要工艺。因而，GaN 基外延片样品在经过图形转移并制备出 Micro-LED 台面之后，需要进行快速热退火。

3.1.4 Micro-LED 的基本光电特性

图 3-5 和图 3-6 展示了文献[6]中峰值波长分别为 370 nm、405 nm、450 nm 和 520 nm 的 Micro-LED，在直流条件下测量的电流–电压（*I-V*）曲线和输出光功率–电流（*L-I*）曲线。

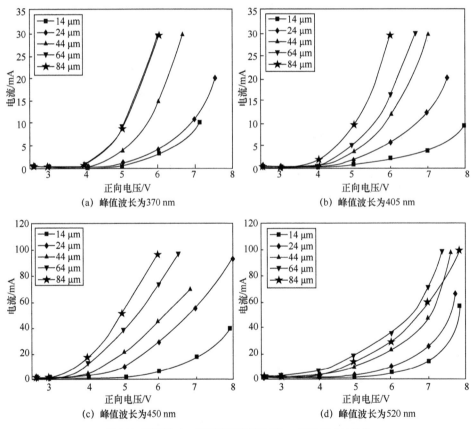

图 3-5　不同尺寸、不同峰值波长的 Micro-LED 的 *I-V* 曲线

从图 3-5 的 *I-V* 曲线可以看出，在相同电压下，尺寸较小的器件往往比尺寸较大的器件具有更小的电流，这是因为串联电阻的大小与面积的大小负相关。

如图 3-6 所示，从直径为 84 μm 的 Micro-LED 测量到的最大输出光功率接近 5 mW，此时峰值波长为 450 nm，这与典型可见光通信应用所需的光功率是一致的[7]。此外，较大尺寸的 Micro-LED 可以提供较高的输出光功率，而较小尺寸的 Micro-LED 可以产生较高的输出功率密度，这是由于较小尺寸的 Micro-LED 具备较好的电流扩展性能，改善了自热效应。

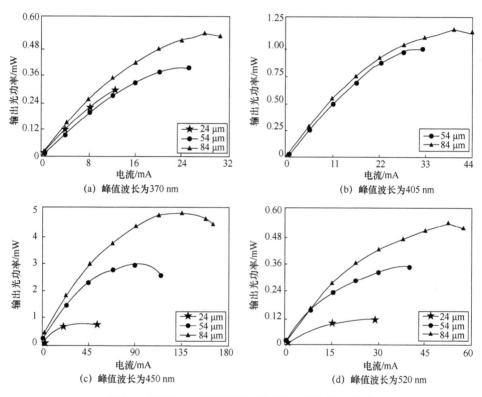

图 3-6　不同尺寸、不同峰值波长的 Micro-LED 的 *L-I* 曲线

| 3.2　Micro-LED 调制带宽 |

调制带宽通常用来衡量器件对随时间变化的输入信号的响应速率。Lee 和 Dentai[8]在 1978 年给出了针对 LED 的调制带宽的准确描述，内容如下："输出光的强度调制可以通过直接调制驱动电流来实现，其变化率要比注入电子和空穴的复合

速率慢。空间电荷电容之类的寄生元件会导致载流子注入结中的时延，从而导致光输出的时延。如果保持恒定的正向偏置，使 LED 的调制带宽仅受载流子复合时间的限制，则该时延可以忽略不计。"如 Liu 和 Smith[9]在 1975 年所定义的，在角频率 ω 下，小电流调制的 LED 总光强度输出 $|I(\omega)|$ 为

$$|I(\omega)| = \frac{I(0)}{\sqrt{1 + (\omega\tau_{\text{eff}})^2}} \tag{3-3}$$

其中，$I(0)$ 是零调制频率下的光强度，τ_{eff} 是有效载流子寿命。当二极管具有足够的正向偏置，寄生电容可以忽略时，该方程是有效的。 在上述条件下，Lee 和 Dentai 给出了一种精确的调制定义："调制带宽定义为检测到的电功率 $I^2(\omega)$ 等于零调制频率下电功率的一半时所对应的频率，即 $I^2(\omega) = \frac{1}{2}I^2(0)$。"因此，带宽 Δf 定义为

$$\Delta f = \frac{\Delta\omega}{2\pi} = \frac{1}{2\pi\tau_{\text{eff}}} \tag{3-4}$$

有效载流子寿命 τ_{eff} 也称为微分载流子寿命，它对应于总复合率的导数。

图 3-7 所示为 LED 频率响应测量装置的原理，使用带宽为 40 GHz 的高速探针（型号：Cascade Microtech ACP40-A-GSG-125）在芯片上测试 LED[10]。图 3-8（a）所示为高速探针探测 Micro-LED 芯片的近景，图 3-8（b）所示为封装在印制电路板（Printed Circuit Board，PCB）上的 Micro-LED 芯片测试的示例。使用合适的光学元件收集和准直光输出，并在最后使用显微镜物镜会聚到光电探测器上（型号：Femto HSA-X-S-1G4-SI，带宽 1.4 GHz）。通过偏置器将直流分量和交流分量信号耦合来驱动器件，直流分量用作偏置并提供恒定电流，小信号交流分量由网络分析仪生成。来自 LED 的调制输出光被光电探测器收集，该光电探测器过滤直流分量并预放大交流分量，然后将接收到的信号反馈到网络分析仪。

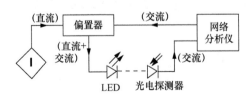

图 3-7　LED 频率响应测量装置的原理

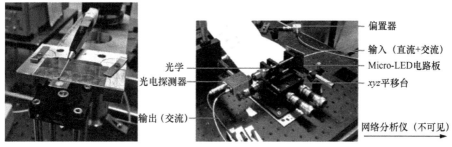

(a) 高速探针探测Micro-LED芯片的近景　　　(b) 封装在PCB上的Micro-LED芯片测试示例

图 3-8　LED 频率响应测量装置

图 3-9（a）所示为直径分别为 40 μm、150 μm 和 500 μm 的圆形 LED 在最大电流下的典型频率响应曲线，其电光调制带宽为比低频下的响应低了 6 dB 的响应所对应的频率。图 3-9（a）中标记 − 6 dB 的线与数据曲线相交的点定义了器件在选择的某个偏置电流下的带宽。

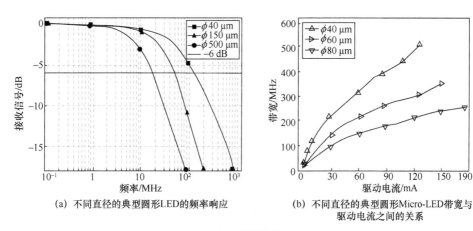

(a) 不同直径的典型圆形LED的频率响应　　　(b) 不同直径的典型圆形Micro-LED带宽与
　　　　　　　　　　　　　　　　　　　　　驱动电流之间的关系

图 3-9　器件特性

从图 3-9（a）可以看出，频率响应在低频时是平坦的，随着频率的增加出现缓慢衰减，这与在电学器件中看到的尖锐截止不同。这种特性允许器件被驱动到带宽频率的 2～3 倍甚至 3 倍以上，最高驱动频率仅受系统信噪比的限制。这意味着一个系统中带宽为 200 MHz 的器件可以被驱动到带宽为 600 MHz。

随着器件尺寸的减小，电流密度增加，结果，由于微分载流子寿命的缩短，带宽也增加了[11]。图 3-9(b)所示为带宽与驱动电流的关系，比较了直径分别为 40 μm、60 μm 和 80 μm 的 Micro-LED。每个器件所显示的带宽随驱动电流的增加而增加，主要的区别是曲线斜率，较小器件的曲线斜率更高，可以通过将驱动电流计算为电流密度来校正此斜率。通常的经验是：较小的器件具有较高的带宽，但获得较高带宽是以降低光功率为代价的，如图 3-9（b）所示。英国思克莱德大学 Martin Dawson 研究组最先使用直径为 14～84 μm 的器件，分别在 370 nm、405 nm、450 nm 和 530 nm 的波长下研究了 GaN 基 Micro-LED 的电流密度相关的带宽[6]。对于直径为 44 μm、输出光功率为 3 mW 的器件，观察到的最大带宽为 450 MHz。在数据速率方面，受控制电子设备的限制，这些器件通过开关键控调制可以达到 512 Mbit/s 的数据速率。

目前，基于 Micro-LED 的可见光通信系统的速率可达 7.91 Gbit/s，是在 2017 年由英国思克莱德大学 Martin Dawson 研究组与爱丁堡大学 Harald Haas 研究组使用带宽高达 655 MHz 的紫色 Micro-LED 与正交频分复用技术实现的[12]。其中紫色 Micro-LED 阵列的平面图如图 3-10 所示，图 3-10 右边的放大显微照片显示了阵列和单个像素的设计，图 3-10 中还包括了内像素和外像素（单位为 μm）。整个可见光通信系统的原理及照片如图 3-11 所示。

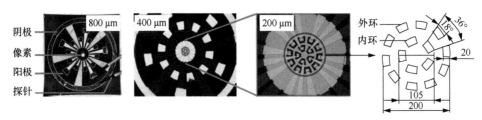

图 3-10　紫色 Micro-LED 阵列的平面图

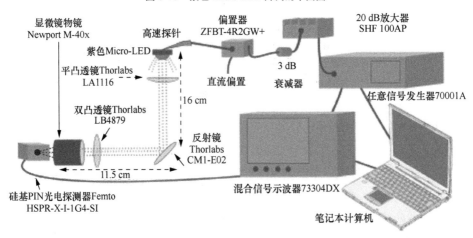

（a）可见光通信系统的原理

图 3-11　可见光通信系统的原理及照片

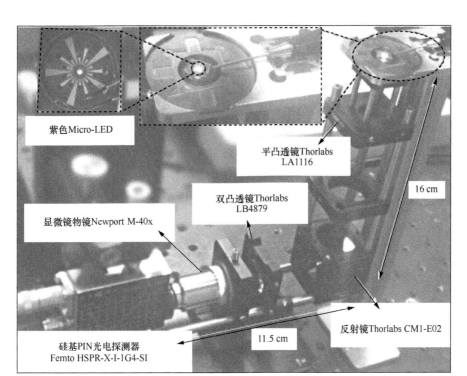

紫色Micro-LED

平凸透镜Thorlabs
LA1116

双凸透镜Thorlabs
LB4879

显微镜物镜Newport M-40x

16 cm

11.5 cm

反射镜Thorlabs CM1-E02

硅基PIN光电探测器
Femto HSPR-X-I-1G4-SI

(b) 可见光通信系统照片

图 3-11　可见光通信系统的原理及照片（续）

| 3.3　Micro-LED 应用系统 |

在当前的物联网（Internet of Things，IoT）时代背景下，可见光通信越来越受重视，本节介绍了基于 Micro-LED 的可见光通信系统及其发展前沿。

3.3.1　基于 CMOS 封装的 Micro-LED 系统

Micro-LED 可以和当前互补金属氧化物半导体（Complementary Metal Oxide Semiconductor, CMOS）技术异质集成，独立地进行单个像素控制[13]。下文示例是典型的 370 nm Micro-LED 应用系统，配有定制设计的 CMOS 驱动电路。向系统输入亚纳秒级的驱动脉冲，可以得到高亮度光功率输出。

本系统的 Micro-LED 采用倒装芯片键合技术，使用蓝宝石衬底上生长的多量子阱紫外（波长为 370 nm）LED 外延薄膜加工而成。器件包含了 16×16 的可独立寻址的圆形像素阵列，每个像素直径为 72 μm 且阵列间距为 100 μm[14]。Micro-LED 加工工艺在第 3.1 节已有描述，本节不再详细叙述。图 3-12（a）所示为显微镜下部分 CMOS 驱动电路，图 3-12（b）所示的是显微镜下的一种简单 Micro-LED 输出图形。

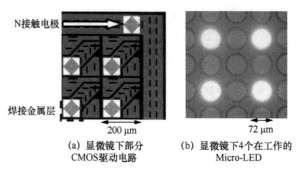

(a) 显微镜下部分
CMOS驱动电路

(b) 显微镜下4个在工作的
Micro-LED

图 3-12　显微镜下部分 CMOS 驱动电路和 Micro-LED 输出图形

　　该系统使用的定制 CMOS 驱动电路由 0.35 μm CMOS 标准工艺来实现，8×8 的像素阵列对应着 64 个驱动电路单元，每个像素大小为 200 μm×200 μm，其中包含了 100 μm×100 μm 大小的焊接金属层和对应的专用驱动电路。Micro-LED 和 CMOS 驱动电路通过金凸点键合的方式很好地实现了物理层（即电路上）的连接，能够高效地控制系统中的像素阵列。每个 CMOS 驱动电路最大的工作电压为 5 V，工作电流为 100 mA。图 3-13 所示为每个独立的 CMOS 驱动电路的电路原理，包含了输出缓冲器和短脉冲生成电路。在本系统的实际应用中，所有 CMOS 驱动器均使用的是 3.3 V 的逻辑电平。图 3-13 中的 Micro-LED 电源允许最高工作电压为 5 V。CMOS 驱动电路驱动 Micro-LED 最短脉冲达 300 ps 左右，由输入方波信号通过反相器后生成[15]。图 3-13 中受控偏置电压主要用于改变栅极电压来控制信号的时延。输出路径上的多反相器链所构成的输出缓冲器增加了输出 MOS 晶体管的宽长比并且最大化了电路的最大驱动能力。需要注意的是，图 3-13 中 Micro-LED 阵列接地端必须和驱动电路的终端分开，这样设计的原因是 Micro-LED 可以在偏置成驱动电路的对地负压之后，再由驱动电路进行驱动，因此可以避开由于 CMOS 工艺所限制的最大 5 V 的驱动电压，从而进一步增加了每个像素对应的控制电压的大小，实现更高的输出功率。

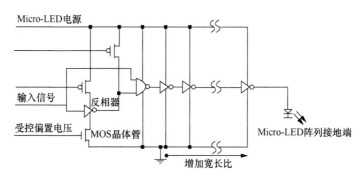

图 3-13　每个独立的 CMOS 驱动电路的电路原理

图 3-14 所示为 CMOS 驱动电路在室温下由直流驱动测得的数据，图 3-14（a）所示为 *I-V* 曲线，图 3-14（b）是和图 3-14（a）相对应的每个 Micro-LED 的输出光功率–驱动电流曲线。

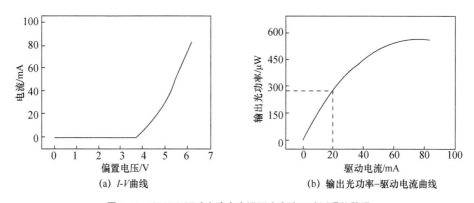

图 3-14　CMOS 驱动电路在室温下由直流驱动测得的数据

从实验测得的数据可以看出，单个 Micro-LED 像素的开启电压大约为 4 V，直流驱动下每个 Micro-LED 像素的输出光功率达到了 570 μW（驱动电流为 83.4 mA）和 290 μW（驱动电流为 20 mA）。本系统的 Micro-LED 性能受限于最大驱动电流，而不受限于 CMOS 驱动电路。同时，CMOS 驱动电路上包含一些其他的控制器件，如用来控制每个 Micro-LED 像素对应高频信号时序的 6～800 MHz 的内部晶振以及在需要的情况下被引入驱动电路的外部晶振，可以让每列 CMOS 输出伪随机二进制序列的线性反馈移位寄存器（Linear Feedback Shift Register，LFSR）等。图 3-15 所示为在内部晶振和 LFSR 控制下的输出信号。LFSR 可调制 Micro-LED 的输出，用于自由空间或光纤通信[16-17]。

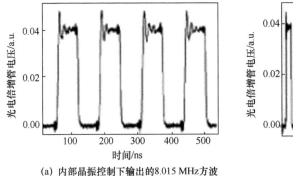

(a) 内部晶振控制下输出的8.015 MHz方波　　　　(b) LFSR控制下的输出信号

图 3-15　在内部晶振和 LFSR 控制下的输出信号

通过 CMOS 驱动电路可以进一步控制 Micro-LED 产生亚纳秒级的光脉冲输出，最小脉冲输出宽度可以达到 300 ps 和 40 ns，这是目前已报道的 GaN 器件的最小脉冲输出宽度。单个脉冲的输出能量大约为 2.7 fJ（300 ps）和 17.2 fJ（40 ns），转换成光功率密度则约为 2.21 W/cm² 和 10.56 W/cm²。两种光学输出脉冲如图 3-16 所示。

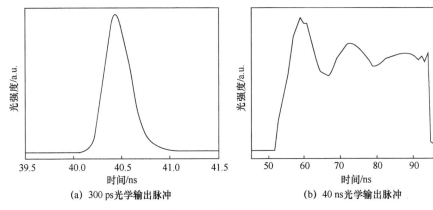

(a) 300 ps光学输出脉冲　　　　　　　　　(b) 40 ns光学输出脉冲

图 3-16　两种光学输出脉冲

这个由 Micro-LED 和 CMOS 集成的光电系统表现出了极高的时间分辨率性能，满足纳秒级或亚纳秒级的荧光检测和光通信发射端需求，该系统将有望应用于紫外直写、时间分布荧光检测、有机半导体激光器及光学放大器。

3.3.2　低成本、高密度的二维可见光互联通信系统

为了实现 Tbit/(s·mm²)量级的可见光通信，接下来介绍一种低成本、高密度的二维可见光互联通信系统，该系统结合了两项极具前景的光学技术：Micro-LED 和基

于硅氧烷的多模式光波导（Siloxane- Based Multimode Waveguide）技术。这两项技术表现出非常好的匹配特性：① 两者的制造成本都很低，两者和当下的 CMOS、PCB 技术兼容；② Micro-LED 的大小和多模式光波导的大小（20～70 μm）相近；③ Micro-LED 的可见光发射波长在多模式光波导聚合物中有着低衰减特性；④ 两者都可构成二维阵列。总体而言，两项技术的连接可以提供低成本、高密度的光学互联通信系统，系统在目前的电子工艺标准条件下可直接集成，在目前电子消费市场中也有很多应用场景。

二维可见光互联通信系统的基本设计如图 3-17（a）所示，图 3-17 中展示了二维 Micro-LED 阵列和光波导阵列的接口。图 3-17（b）所示为线性二维光波导阵列，其中假设线性设计的二维光波导阵列在两个方向上有着完全相同的间距 p。图 3-17（c）所示为单个光波导信道在特定数据速率下可达到的总数据密度，可以看出，这样的二维可见光互联通信系统在光波导的间距为 62.5 μm、数据速率为 2 Gbit/s 和 4 Gbit/s 时能够提供 0.5 Tbit/(s·mm²)和 1 Tbit/(s·mm²)的数据密度。

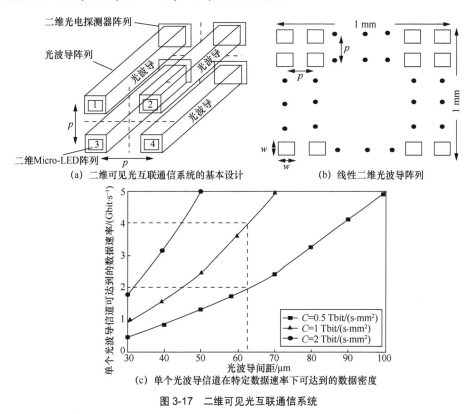

（a）二维可见光互联通信系统的基本设计　　　（b）线性二维光波导阵列

（c）单个光波导信道在特定数据速率下可达到的数据密度

图 3-17　二维可见光互联通信系统

信道间串扰会影响光波导阵列的数据密度，信道间串扰主要来自两个方面：① 光波导中非耦合光输入；② 在光波导传播路径上发生的光散射。这两种串扰都会受到光波导分布的影响，光波导分布越紧密，越有可能引起上述串扰[18-21]。在这里，我们主要考虑 3 种拓扑分布阵列：线性分布、对角分布和交叉分布。3 种拓扑分布阵列如图 3-18 所示，光波导密度和平均光波导间距 $\overline{D}$ 见表 3-1，$\overline{D}$ 的计算式为

$$\overline{D} = \frac{1}{N}\sum_{i=1}^{N} d_i \tag{3-5}$$

其中，d_i 是相邻光波导之间的距离，这里只用到了一阶的相邻光波导（$N=8$）来计算 $\overline{D}$，二阶串扰足够小可以忽略不计[22-23]。从表 3-1 可以看出，交叉分布光波导阵列的光波导密度最大、平均光波导间距最小，对角分布光波导阵列的光波导密度和线性分布的一样，但是平均光波导间距却比线性分布的大，由此可见，线性分布和对角分布两种拓扑结构可以有效改善串扰的影响。

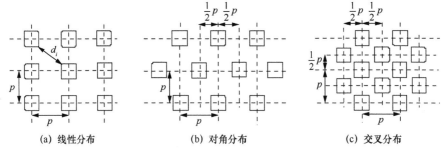

图 3-18　3 种拓扑分布阵列

表 3-1　光波导密度和平均光波导间距

拓扑	光波导密度	平均光波导间距 $\overline{D}$
线性分布	$1/p^2$	$\dfrac{p}{2}(1+\sqrt{2}) \sim 1.21p$
对角分布	$1/p^2$	$\dfrac{p}{2}\left(2+\dfrac{\sqrt{5}}{2}\right) \sim 1.56p$
交叉分布	$2/p^2$	$\dfrac{p}{2}\left(1+\dfrac{\sqrt{2}}{2}\right) \sim 0.85p$

这里使用的是蓝宝石背面发光的 GaN 基 Micro-LED，输出光必须先通过 400 μm 厚的透明衬底材料。图 3-19（a）所示为单个 Micro-LED 芯片样品，包含了 4×4 的 Micro-LED 阵列，16 个像素都可以独立寻址，芯片使用的是通用的 PCB 技术。线性分布阵列有 10 个像素在工作，对角分布阵列有 11 个像素在工作，这些像素

都是用 SMA 线缆连接 PCB 来驱动，如图 3-19（b）和图 3-19（c）所示。可以从图 3-19（d）得到单个 Micro-LED 像素对应的发光波长，图 3-19（e）和图 3-19（f）所示为通过实验得到的对角分布阵列中工作的 Micro-LED 像素的相关曲线。

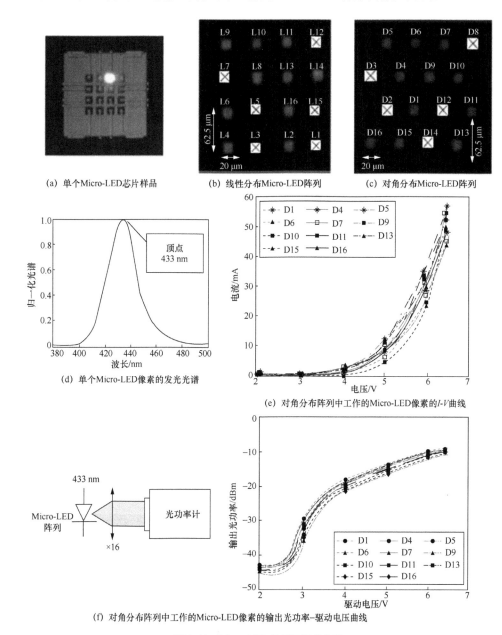

图 3-19 Micro-LED 阵列及相关曲线

使用 3 层和 4 层的 30 μm 宽的光波导聚合物系统，光波导的间距为 62.5 μm，总长度为 10 mm，20 mm 和 50 mm 的光波导都有。图 3-20（a）、图 3-20（b）和图 3-20（c）所示为 3 层的 3 种拓扑分布的光波导聚合物，图 3-20（d）和图 3-20（e）所示为 4 层的线性分布和对角分布的光波导聚合物。3 层光波导聚合物用于评估 3 种拓扑分布的本征串扰，4 层光波导聚合物用于 4×4 Micro-LED 阵列集成可见光系统的接口。串扰是通过测量阵列中单个像素在自由空间的光耦合得到的。图 3-21（a）和图 3-21（b）所示分别为实验原理和 3 层光波导聚合物，图 3-21（c）所示的是 25 倍显微镜物镜耦合光进入光波导后，在光波导输出端的图像。3 种拓扑分布阵列对应的串扰实验测量数据见表 3-2。实验说明了总光学串扰导致的衰减为−16～−14 dB，交叉分布的抗串扰性能最差，对角分布的抗串扰性能最好。

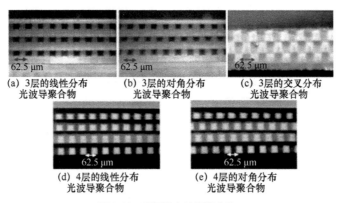

(a) 3层的线性分布　(b) 3层的对角分布　(c) 3层的交叉分布
　　光波导聚合物　　　　光波导聚合物　　　　光波导聚合物

(d) 4层的线性分布　　　(e) 4层的对角分布
　　光波导聚合物　　　　　　光波导聚合物

图 3-20　不同的光波导聚合物

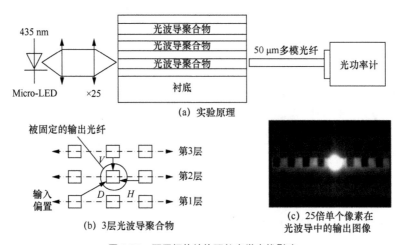

(a) 实验原理

(b) 3层光波导聚合物

(c) 25倍单个像素在
光波导中的输出图像

图 3-21　不同拓扑结构下的光学串扰影响

表 3-2　3 种拓扑分布阵列对应的串扰实验测量数据

拓扑	光波导尺寸（长×宽）	光波导间距/μm			平均测量串扰/dB			总光学串扰估计（2H+2V+4D)/dB
		H	V	D	H	V	D	
线性分布	30 μm×30 μm	62.5	65	90	−20.0	−28.0	−29.3	−15.5
对角分布		62.5	130	72	−21.0	−31.3	−26.7	−15.9
交叉分布	30 μm×35 μm	62.5	35	47	−22.1	−28.0	−22.6	−14.3

在 Micro-LED 阵列和光波导阵列中，底部耦合是最简单有效的互联方式。底部耦合的实验原理如图 3-22（a）所示，50 mm 大小的对角分布阵列发光示例如图 3-22（b）所示，测量实验原理如图 3-22（c）所示，通过仿真和实验的对比来评估整个系统的耦合效率和串扰表现。

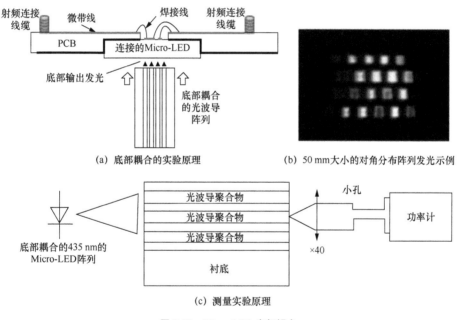

(a) 底部耦合的实验原理　　　　　　(b) 50 mm 大小的对角分布阵列发光示例

(c) 测量实验原理

图 3-22　Micro-LED 底部耦合

考虑整个耦合系统的工作光功率和串扰衰减，使用光线追踪模型仿真实验结果。在仿真中，Micro-LED 阵列建模成朗伯源，假设 Micro-LED 放置在距衬底底部距离为 z 的位置，且每个光波导都在 Micro-LED 的中心，而光波导样品和 Micro-LED 衬底之间有着 20 μm 的距离，如图 3-23（a）所示。图 3-23（a）所示模型发出的光耦合到 3 个平行波导的功率(P_0,P_1,P_2)如图 3-23（b）所示。仿真结果表明相邻光波导间的串扰大约为−5 dB，后面的实验数据也和仿真结果基本吻合。可以通过改进实验装置来增强耦合效率并减少相关串扰，主要有以下方式：① 衬底减薄或正面发光；② 添加遮挡 Micro-LED 杂散光的图形化金属层；③ 使用共振腔 Micro-LED；④ 使用微型透镜；⑤ 光学成像。

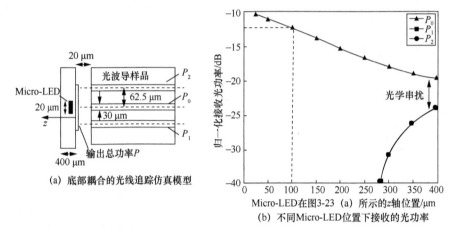

(a) 底部耦合的光线追踪仿真模型

(b) 不同Micro-LED位置下接收的光功率

图 3-23　Micro-LED 的位置和光学串扰间的关系

为了达到提高耦合效率和减少串扰的目标，1:1 的光学成像下的光耦合实验原理如图 3-24（a）所示。通过光学成像，线性分布 Micro-LED 阵列的单个像素在 20 mA 的注入电流下，终端接收到的平均光功率约为−23 dBm，底部耦合增益约为 4 dB。值得注意的是，最大接收光功率和最小接收光功率的差约为 3 dB，这是由光波导的准直偏差导致的。对角分布 Micro-LED 阵列的实验结果和线性分布的几乎一致。通过光学成像，实验得到对角分布 Micro-LED 阵列的串扰约为−9 dB，而线性分布 Micro-LED 阵列的串扰约为−11 dB，见表 3-3。与表 3-2 中的结果相比，改进十分显著。

表 3-3　光学成像后的线性分布和对角分布阵列对应的串扰实验测量数据

拓扑	开启 1 个 Micro-LED				开启多个 Micro-LED		
	平均测量串扰/dB			总光学串扰估计/dB	开启的像素	测量的串扰/dB	使用 H/V/D 数值的串扰估计/dB
	H	V	D				
线性分布	−16.0	−17.6	−20.3	−9.1	1H+1V+4D	−10.0	−11.0
					2H+2V+2D	−9.7	−10.2
对角分布	−17.0	−28.0	−21.0	−11.3	2H+1V+3D	−11.5	−11.9

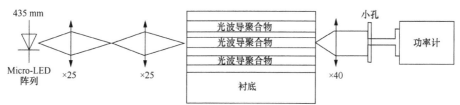

(a) 光学成像下的光耦合实验原理

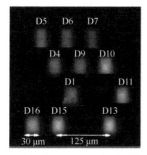

(b) 对角分布的Micro-LED阵列
在单个像素输出10 mm长度光波导的结果

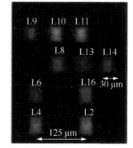

(c) 线性分布的Micro-LED阵列
在单个像素输出10 mm长度光波导的结果

图 3-24　光学耦合下的成像

　　在实际的数据传输中，实验测量了线性分布 Micro-LED 阵列的带宽，并用线性分布 Micro-LED 阵列来测量数据传输速率。带宽测量的实验原理如图 3-25（a）所示，使用了 800 μm 直径的雪崩光电二极管（Avalanche Photodiode，APD）和一台矢量网络分析仪来测量对应的−3 dB 带宽。接收端带宽约为 650 MHz，单个 Micro-LED 在 20 mA 偏置电流下的带宽约为 90 MHz，无光波导时 Micro-LED 和 APD 结合的系统带宽为 75 MHz。

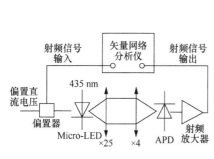

(a) 带宽测量的实验原理

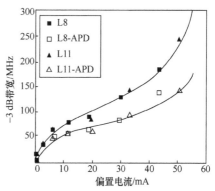

(b) 图3-24（c）中标号为L8和L11的线性分布
Micro-LED阵列的带宽结果

图 3-25　Micro-LED 带宽测量

数据传输速率测量实验分为两个部分，仿真和实际实验。在仿真中，链路模型中所有器件的性能都会影响数据传输速率的测量结果，链路模型如图 3-26 所示，重要参数见表 3-4。

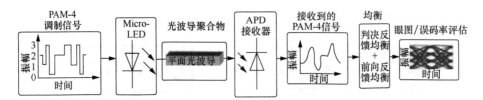

图 3-26　数据传输速率测量仿真的链路模型

表 3-4　数据传输速率测量仿真中的重要参数

	响应	参数	值
Micro-LED	指数模型	偏置电流	25 mA
		射频调制	3.5 Vpp
		25 mA 时的输出光功率	−4.34 dBm
		−3 dB 带宽	120 MHz
平面光波导	高斯模型	长度	10 mm
		带宽长度积	35 GHz×m
		衰减系数	0.56 dB/cm
		耦合损失	10 dB
		光学串扰	−14 dB 或无串扰
APD	上升余弦函数	响应度	0.275 A/W
		带宽	650 MHz
		滚降系数	0.2

仿真建模中，将 Micro-LED 的响应看成关于时间的指数模型，APD 的响应为关于时间的上升余弦函数，滚降系数为 0.2[24-25]，而光波导的响应为高斯函数。与仿真相关的参数全部来源于实际实验装置的测量数值。假设在光学串扰为−14 dB 的情况下，数据传输速率为 2 Gbit/s 和 2.5 Gbit/s 的 PAM-4（4 阶脉冲振幅调制）信号，仿真结果将和实际实验结果放在图 3-28 中进行比较。

实际实验测试条件和仿真假设条件基本一致，使用 4×4 的对角分布 Micro-LED

阵列，传输过程与 10 mm 长的 4 层光波导样品匹配，主要的信号调制方式都是 PAM-4。实验装置如图 3-27（a）和图 3-27（b）所示。数据传输用到的 Micro-LED 的发射光通过光学成像改进从光波导中发射，调制的 PAM-4 信号和信号长度为 2^7-1 的伪随机二进制序列由任意波形产生器（Arbitrary Waveform Generator，AWG）产生，通过偏置器（Bias Tee）在 Micro-LED 上传输。示波器在接收端接收信号，并且在接收端使用线性反馈均衡器和判决反馈均衡器。通信性能指标由整个传输系统的误码率（Bit-Error Rate，BER）决定。

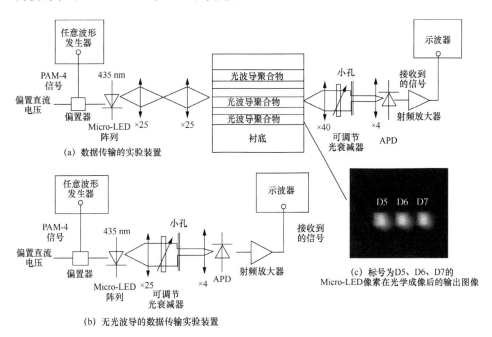

图 3-27　基于 Micro-LED 的数据传输

从图 3-28（a）所示的结果来看，仿真结果和实验结果基本相吻合，数据传输速率越快，误码率越高。在同样条件（驱动电流约为 24 mA，峰间电压为 3.5 V）、没有其他 Micro-LED 串扰的情况下，单个 Micro-LED 进行数据传输的误码率明显要优于 3 个 Micro-LED 同时传输，串扰导致误码率上升了约 1 dB（数据传输速率为 2 Gbit/s）和 1.5 dB（数据传输速率为 2.5 Gbit/s）。图 3-28（b）所示的眼图也证实了这一结论。

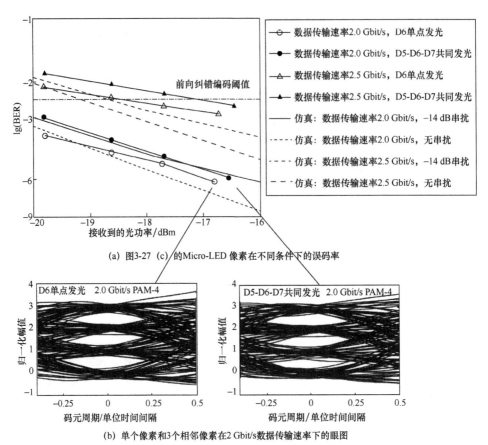

(a) 图3-27 (c)的Micro-LED 像素在不同条件下的误码率

(b) 单个像素和3个相邻像素在2 Gbit/s数据传输速率下的眼图

图 3-28　数据传输的实验结果

在其他条件都一样的实验条件下，无光波导的数据传输实验结果如图 3-29 所示。在无光波导的数据传输实验中，串扰通过小孔聚光减少到了 −20 dB 级别，相邻两个 Micro-LED 的串扰导致误码率上升了 2 dB(数据传输速率为 2 Gbit/s)和 1.8 dB(数据传输速率为 2.5 Gbit/s)。

从前面所有的数据传输实验结果来看，二维可见光互联通信系统的性能表现和潜力都超过了图 3-17（c）所示的传输数据密度要求（大于 0.5 Tbit/(s·mm²)），对 Micro-LED 的驱动电路和光波导阵列以及两者的接口进行改进，有可能使耦合效率更高、串扰下降，这些结果都显示了可见光通信系统在 IoT 时代的巨大潜力和应用前景。

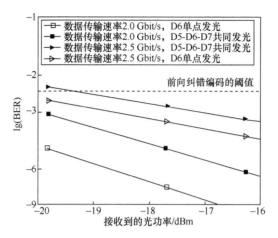

图 3-29　无光波导的数据传输实验结果

| 3.4　智能 Micro-LED 系统 |

作为新一代可见光芯片，Micro-LED 芯片得益于其本身的特性以及结构，除了可以作为高速信号发射端，还具备光电探测的功能。因此，有望基于 Micro-LED 在单芯片内实现信号发射端以及接收端的集成，并解决目前可见光双工通信困难的问题，进而实现高效且稳定的智能 Micro-LED 系统的构建。

3.4.1　多功能 Micro-LED 芯片

在可见光通信领域中，Micro-LED 具备尺寸小（1～100 μm）、RC 时间常数低和调制带宽高等独特优势，受到了国内外相关领域研究人员的广泛关注。目前，文献报道中提到的 Micro-LED 调制带宽最高可达 1.5 GHz[26]。而单颗 Micro-LED 所取得的数据传输速率已经超过 10 Gbit/s[12]。这些研究表明，目前用于可见光通信系统的 GaN 基 Micro-LED 已经取得了重大进展，但进展主要集中在 Micro-LED 作为信号发射端的领域。相比之下，利用 Micro-LED 作为光电探测器的研究仍处于比较落后的状态。

传统商用 Si 基以及 GaAs 基光电探测器均不具备选择性地探测入射光信号的功能，即在不配置外部滤光片的条件下，从紫外到近红外波段的光波都会被光电探测器探测。而 GaN 基光电探测器则具备稳定性强、带边消光比高以及波长可选择等优势，在工业与学术领域得到了广泛的关注[27-32]。2018 年，Ho 等[31]研究单个 GaN 基微光电探测器，首先报道了将 GaN 基微光电探测器应用于可见光通信系统的研究。但是，迄今为止，利用 Micro-LED 阵列作为并行光电探测器的研究仍未见报道。目前的蓝绿光 Micro-LED 通常基于第三代半导体材料，得益于半导体材料本身所具备的高禁带宽度特性，Micro-LED 在作为光电探测器时不会吸收光子能量小于其禁带宽度的光波，因此不需额外的滤光片，即可实现窄带通的响应特性。Micro-LED 作为光电探测器的同时，仍然具有高速光源的特性，这为 Micro-LED 同时实现光信号的发射与接收提供了可能性。可见光通信发射端与接收端在单芯片上实现集成，将有助于降低系统的复杂度，从而在提高系统稳定性的同时，减少器件制备的成本。此外，Micro-LED 阵列在发射与探测信号的同时，还可实现微显示的功能，如图 3-30 所示。

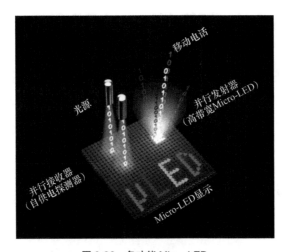

图 3-30　多功能 Micro-LED

3.4.2　Micro-LED 作为探测器的响应特性

Micro-LED 作为光电探测器时，相比于传统 Si 基探测器，具备响应度高、探测率高、波长可选择等优势。40 μm、60 μm 和 100 μm 的 3 种不同尺寸 Micro-LED 在不同入射光功率密度下的 I-V 曲线如图 3-31 所示。实验所用光照条件由 405 nm 激光器提供，入射光功率密度从 1.0 W/cm² 逐步上升至 11.0 W/cm²。从 *I-V* 曲线可以看出，电流与入射光功率密度有关，随着入射光功率密度的增加，电流也会同步地增加，该现象在 40 μm、60 μm 和 100 μm 3 种尺寸的 Micro-LED 光电探测器中均可以观察到。这主要是由于更高的光功率能产生更多的光生载流子，进而增大器件的光电流输出。此外，这些 Micro-LED 光电探测器表现出了相当高的光敏性（光电流与暗电流的比值，即开关比，用符号 *S* 表示）[33]。40 μm、60 μm 和 100 μm 3 种尺寸的 Micro-LED 光电探测器在无外部偏置电压时，*S* 为 10^9 数量级。而当外部偏置电压为 –5 V 时，3 种不同尺寸的 Micro-LED 光电探测器所对应的 *S* 分别为 10^7、10^8 以及 10^8 数量级。这些 Micro-LED 光电探测器的开关比相当当，而高的开关比意味着探测器具备高的信噪比以及优异的探测准确性[34]。值得注意的是，在不加偏置电压的情况下，器件的开关比相比偏置电压为 –5 V 时更高，这主要是由于无偏置电压时器件具有更低的暗电流（在 10^{-14} A 数量级，如图 3-31 所示）。

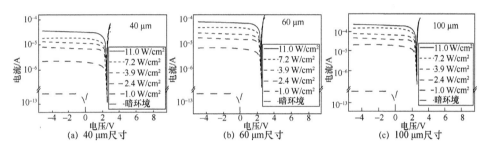

图 3-31　3 种不同尺寸 Micro-LED 在不同入射光功率密度下的 *I-V* 曲线

　　3 种尺寸的 Micro-LED 光电探测器在 405 nm 激光器光照（入射光功率密度为 11.0 W/cm²）下的 *I-V* 曲线如图 3-32 所示。从图 3-32 可以看出，在无偏置电压条件下，器件仍表现出优异的光电性能。图 3-32 所示的 40 μm、60 μm 和 100 μm 的 Micro-LED 光电探测器的短路电流分别为 27.4 μA、64.6 μA 以及 188 μA，且三者的开路电压均为 2.6 V。因此，Micro-LED 光电探测器不需外部供电，就可以实现光电探测器的基本功能。这意味着 Micro-LED 光电探测器属于自供电型器件。该现象归因于器件的内建电场对光电子-空穴对起到的分离与收集作用，因此能在无偏置电压下产生光电流。该 Micro-LED 光电探测器在某些需要自供电的领域中具有很大的潜在应用前景，如在危险或者严酷环境中的无人智能驾驶。

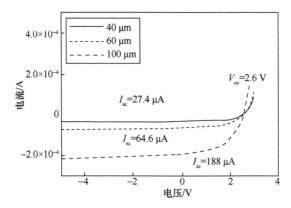

图 3-32   3 种尺寸的 Micro-LED 光电探测器的 *I-V* 曲线（入射光功率密度为 11.0 W/cm^2）

Micro-LED 光电探测器的性能可以通过响应度 R、比探测率 D^* 等进行表征。响应度也就是灵敏度，是一个用来描述探测器光电转换能力的物理量，计算方法为

$$R = \frac{I_{ph}}{L_{in}} = \eta \frac{q}{hc} \lambda \qquad (3-6)$$

其中，I_{ph} 为 Micro-LED 光电探测器所产生的光电流，L_{in} 为探测器有效面积所接收到的入射光功率。q 为电荷常量（1.6×10^{-19} C），h 为普朗克常数（6.626×10^{-34} J·s），c 为真空中的光速（3×10^8 m/s），λ 为入射光的波长（单位为 μm），η 为探测器的量子效率。因此，R 的单位为 A/W。

L_{in} 的计算方法为

$$L_{in} = \frac{L_{out}}{A_{LD}} A_{\mu LED} \qquad (3-7)$$

其中，L_{out} 为 405 nm 激光器的输出光功率，A_{LD} 为 405 nm 激光器所发射的光斑的面积，$A_{\mu LED}$ 为 Micro-LED 光电探测器的有效接收面积。

基于式（3-6）与式（3-7），40 μm、60 μm 和 100 μm 的 Micro-LED 光电探测器在 0 V 偏置电压以及 11.0 W/cm^2 光功率密度条件下，测得的 R 分别为 0.24 A/W、0.29 A/W 和 0.21 A/W，则相应的量子效率分别为 74%、88%以及 62%。在-5 V 偏置电压条件下，R 分别为 0.27 A/W、0.31 A/W 和 0.24 A/W，对应的量子效率为 82%、96%和 73%，这主要是由于在反向偏置条件下，更多的光电子-空穴对被分离与收集，从而产生了更大的光电流。测试得到的 Micro-LED 响应度高于商用 Si-PIN 光电探测器在 405 nm 波长段所对应的响应度。此外，在无内部电流增益的情况下，Micro-LED 光电探测器的响应度要显著优于文献[30, 35]中 GaN 基光电探测器的响应度。

比探测率是一个用于衡量光电探测器探测微弱信号能力的品质因数，计算方法为

$$D^* = \frac{\sqrt{A_{\mu LED} B}}{NEP} \quad (3-8)$$

其中，B 为 Micro-LED 光电探测器的带宽，NEP 为噪声等效功率。

$$NEP = \frac{i_n}{R} \quad (3-9)$$

其中，i_n 为噪声电流。i_n 包括散粒噪声 i_s、约翰逊噪声 i_T 以及闪烁噪声（$1/f$ 噪声）。散粒噪声与暗电流有关，计算方法为 $i_s = \sqrt{2qi_d B}$，其中，i_d 为暗电流。约翰逊噪声，即热噪声，是由载流子的热扰动引起的，计算方法为 $i_T = \sqrt{4kTB / R_{eq}}$，其中，k 为玻尔兹曼常数，$T$ 为温度，R_{eq} 为回路负载阻。$1/f$ 噪声则是由与陷阱态有关的随机效应引起的，在低频情况下较为明显（1～100 Hz）。

由于暗电流引起的散粒噪声通常被认为是噪声电流中最主要的部分[36-37]，因此，基于式（3-8）与式（3-9），比探测率的估算方法为

$$D^* = R\sqrt{\frac{A_{\mu LED}}{2qi_d}} \quad (3-10)$$

从图 3-31 可以看出，40 μm、60 μm 和 100 μm 的器件在 0 V 偏置电压下所对应的暗电流分别为 4.0×10^{-14} A、3.3×10^{-14} A 和 5.9×10^{-14} A。因此，利用式（3-10），可得到比探测率 D^* 分别高达 7.5×10^{12} cm·Hz$^{1/2}$·W^{-1}、1.5×10^{13} cm·Hz$^{1/2}$·W^{-1} 和 1.3×10^{13} cm·Hz$^{1/2}$·W^{-1}。在 −5 V 偏置电压下，D^* 则分别为 1.1×10^{11} cm·Hz$^{1/2}$·W^{-1}、2.3×10^{12} cm·Hz$^{1/2}$·W^{-1} 和 2.1×10^{12} cm·Hz$^{1/2}$·W^{-1}。显而易见，由于在 0 V 偏置电压下，器件具有更低的暗电流，所以相应的比探测率高于−5 V 偏置电压下的比探测率。

实际器件（如图像传感器和照度计等），往往需要大的光强探测范围。光强探测范围可以通过线性动态范围（Linear Dynamic Range，LDR）来衡量，LDR 的计算方法为

$$LDR = 20lg\frac{I_{ph}}{I_d} \quad (3-11)$$

图 3-33 所示为不同尺寸 Micro-LED 在不同入射光功率密度下的光电流曲线以及对应的比探测率。基于式（3-11）以及图 3-33，在 0 V 偏置电压下，40 μm、60 μm 和 100 μm 的 Micro-LED 对应的 LDR 分别高达 186 dB、196 dB 和 197 dB，远高于文献[38]中的最高值（120 dB）。而且，该值与文献[39]中−0.5 V 偏压下的 LDR 最

大值近似。如此高的 LDR 值表示 Micro-LED 光电探测器在无外加电源的情况下，即可拥有大的光暗电流比以及优异的信噪比。

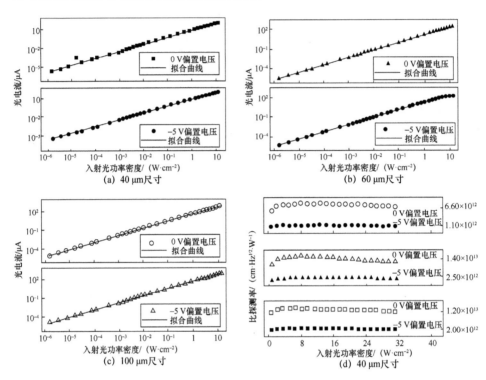

图 3-33　不同尺寸 Micro-LED 在不同入射光功率密度下的光电流曲线以及对应的比探测率

Micro-LED 因其材料具备大的禁带宽度，所以作为光电探测器时，拥有一定的波长选择性。图 3-34 所示为 100 μm 的 Micro-LED 光电探测器在相同光功率密度（11.0 W/cm²）、0 V 偏置，但不同波长入射光照条件下的 *I-V* 曲线以及响应度–波长曲线。可以看到，当波长从 370 nm 增加至 405 nm 时，光电流仅有少量增加。但当波长持续增加至 660 nm 时，光电流逐渐消失。此外，曲线中最小电流对应的点有所位移，这主要是因为光伏效应产生的光电流与正向偏置电压下产生的器件电流正好相反。从图 3-34 可以观察到，当入射光波长小于 520 nm（处于 360～520 nm 波段）时，器件的响应度要远高于入射光波长位于其余波段时的响应度，这也就意味着该自供电探测器器件拥有优异的短波选择性。而目前商用的白光 LED 通常利用蓝光 LED 激发黄光荧光粉的方式实现混合白光，混合白光中的黄光成分由于需要经过荧光粉的转换而产生，LED 响应速率受限于荧光粉的转换速度，因此整体白光可见光通信系统的最大传输速率会降低。目前，Si 基光电探测器不能自主地区分不同波长的可见光，因此通常采用外加滤光片的方式，去除混合白光中的黄光成分，从而提高整体系统的通信容量。但外加滤光片无疑会提高系统的复杂度以及成本。而 Micro-LED 光电探测器具备的短波选择性可以很好地分辨混合白光中的蓝光与黄光成分，非常适合用于基于低带宽黄光荧光粉转换白光光源的可见光通信系统中，而不需额外的光学滤光片。

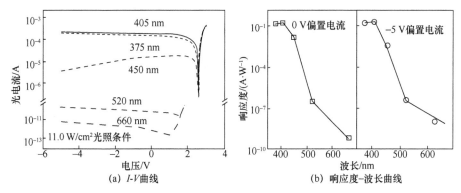

图 3-34　100 μm 的 Micro-LED 光电探测器在不同波长入射光照条件下的 I-V 曲线以及响应度-波长曲线

　　除了上述基本的光电探测器性能参数，Micro-LED 的高速响应性能也是一个重要的指标，高速响应性能保证了 Micro-LED 光电探测器在可见光通信系统中的实用性。不同尺寸的 Micro-LED 光电探测器在光功率密度为 11.0 W/cm² 的 405 nm 波长入射光信号照射、不同偏置电压下的瞬态响应曲线如图 3-35 所示。在 0 V 偏置电压下，探测器对经由 1 MHz 方波调制的入射光信号的瞬态光电流响应如图 3-35（a）、图 3-35（c）和图 3-35（e）所示。−5V 偏置电压下入射光信号的瞬态光电流响应如图 3-35（b）、图 3-35（d）和图 3-35（f）所示。可以看到，0 V 偏置电压时，40 μm 探测器的瞬态上升时间 τ_r 以及下降时间 τ_f 分别为 22.0 ns 和 23.7 ns。当器件的偏置电压为−5 V 时，τ_r 和 τ_f 分别下降至 13.2 ns 和 13.7 ns。对于 60 μm 和 100 μm 的器件，在不提供外部电源的情况下，上升时间分别为 17.2 ns 和 23.4 ns，下降时间分别为 20.2 ns 和 25.1 ns。当施加−5 V 偏置电压时，60 μm 器件的上升时间与下降时间分别下降至 12.2 ns 和 12.7 ns，100 μm 器件的上升时间与下降时间则变为 13.5 ns 和 13.7 ns。与 0 V 偏置情况相比，在−5 V 偏置条件下，器件的光电响应速率更快，这是由于在反向偏置电压下，载流子的漂移速率也在一定程度上有所增加。Micro-LED 光电探测器拥有数十纳秒量级的快速响应速率，基于该特性，Micro-LED 光电探测器适合高频领域的应用。

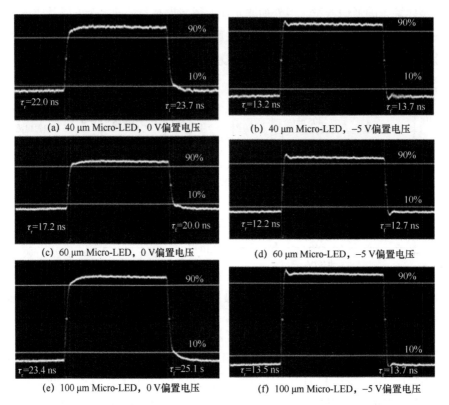

图 3-35　不同尺寸的 Micro-LED 光电探测器在不同偏置电压下的瞬态响应曲线

综上所述，该 Micro-LED 光电探测器与文献[30, 35]中的 GaN 基光电探测器相比，不需外部电源，在自供电模式下即可具有优异的响应度以及比探测率，在紫外光以及可见光波段探测领域拥有广阔的应用前景。

3.4.3　Micro-LED 双工通信系统

Micro-LED 双工通信系统由两部分组成：Micro-LED 作为发射端的通信链路以及 Micro-LED 作为光电接收端的通信链路。Micro-LED 作为光信号发射端的可见光通信系统目前已经得到了广泛的研究，为了实现 Micro-LED 双工通信，这里将着重介绍以 Micro-LED 光电探测器为核心的可见光通信系统的搭建。

Micro-LED 探测器高速可见光通信系统如图 3-36 所示。图 3-36（a）所示为 InGaN/GaN Micro-LED 结构，图 3-36（b）所示为基于该 Micro-LED 光电探测器的高速可见光通信系统。利用不归零（Non-Return to Zero，NRZ）码信号，40 μm、60 μm 和 100 μm 的器件在 0 V 和−5 V 偏置电压下的最大传输速率测试的误码率结果如图 3-37（a）所示。图 3-37（b）以及图 3-37（c）所示分别为 60 μm 器件在−5 V 和 0 V 偏置电压下，达到最大传输速率时对应的眼图。在−5 V 偏置电压下，40 μm、60 μm 和 100 μm 3 种尺寸器件的最大传输速率分别为 180 Mbit/s、175 Mbit/s 和 185 Mbit/s，对应的误码率分别为 3.5×10^{-3}、3.7×10^{-3} 和 3.5×10^{-3}，均低于前向纠错所要求的 3.8×10^{-3} 误码率阈值。此外，当器件处于自供电模式（即无外部偏置电压）时，传输速率仍能保持上百兆比特每秒（Mbit/s）。以 60 μm 的光电探测器为例，在 0 V 偏置电压下，它的最大传输速率可达到 120 Mbit/s，对应的误码率为 3.6×10^{-3}。这证明了 Micro-LED 作为光电探测器，能够实现百兆比特每秒级别的高速可见光通信，且能在自供电模式下工作。结合 Micro-LED 发射端和接收端的相应技术，完全可以在单芯片内实现信号发射与接收的同步完成，进而实现 Micro-LED 可见光双工通信系统的构建。

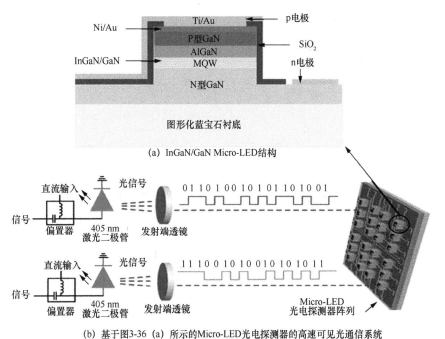

(a) InGaN/GaN Micro-LED结构

(b) 基于图3-36（a）所示的Micro-LED光电探测器的高速可见光通信系统

图 3-36　Micro-LED 探测器高速可见光通信系统

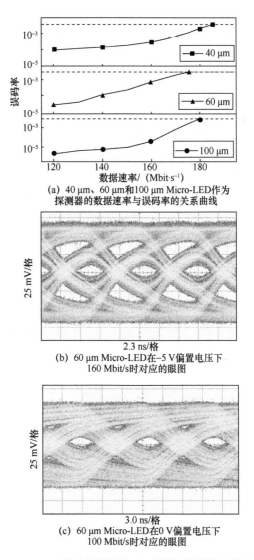

(a) 40 μm、60 μm和100 μm Micro-LED作为
探测器的数据速率与误码率的关系曲线

(b) 60 μm Micro-LED在−5 V偏置电压下
160 Mbit/s时对应的眼图

(c) 60 μm Micro-LED在0 V偏置电压下
100 Mbit/s时对应的眼图

图 3-37　Micro-LED 作为探测器的可见光通信系统传输速率测试结果

┃参考文献┃

[1] TILL W C, LUXON J T. Integrated circuits: Materials, devices, and fabrication[M]. Upper Saddle River: Prentice Hall, 1982.

[2] 关旭东. 硅集成电路工艺基础[M]. 北京: 北京大学出版社, 2003.

[3]　WASHO B D. Rheology and modeling of the spin coating process[J]. IBM Journal of Research and Development, 1977, 21(2): 190-198.

[4]　宋平, 连洁, 高尚, 等. PECVD 法生长 SiO$_2$ 薄膜工艺优化[C]//中国光学学会 2010 年光学大会. [S.l.:s.n.], 2010: 6.

[5]　SZE S M. Semiconductor devices: Physics and technology[M]. Hoboken: John Wiley & Sons, 2008.

[6]　MCKENDRY J J D, MASSOUBRE D, ZHANG S, et al. Visible-light communications using a CMOS-controlled micro-light-emitting-diode array[J]. Journal of Lightwave Technology, 2012, 30(1): 61-67.

[7]　AKHTER M, MAASKANT P, ROYCROFT B, et al. 200 Mbit/s data transmission through 100 m of plastic optical fibre with nitride LEDs[J]. Electronics Letters, 2002, 38(23): 1457-1458.

[8]　LEE T, DENTAI A. Power and modulation bandwidth of GaAs-AlGaAs high-radiance LED's for optical communication systems[J]. IEEE Journal of Quantum Electronics, 1978, 14(3): 150-159.

[9]　LIU Y S, SMITH D A. The frequency response of an amplitude-modulated GaAs luminescence diode[J]. Proceedings of the IEEE, 1975, 63(3): 542-544.

[10]　NAMIZAKI H, NAGANO M, NAKAHARA S. Frequency response of Ga$_{1-x}$Al$_x$As light-emitting diodes[J]. IEEE Transactions on Electron Devices, 1974, 21(11):688-691.

[11]　FERREIRA R X G. Gallium nitride light-emitting diode enabled visible light communications[D]. Glasgow: University of Strathclyde, 2017.

[12]　ISLIM M S, FERREIRA R X, HE X, et al. Towards 10 Gbit/s orthogonal frequency division multiplexing-based visible light communication using a GaN violet micro-LED[J]. Photonics Research, 2017, 5(2): A35-A43.

[13]　LI Y, PARKES W, HAWORTH L I, et al. Anodic Ta$_2$O$_5$ for CMOS compatible low voltage electrowetting-on-dielectric device fabrication[J]. Solid-State Electronics, 2008, 52(9): 1382-1387.

[14]　ZHANG H X, MASSOUBRE D, MAKENDRY J, et al. Individually-addressable flip-chip AlInGaN micropixelated light emitting diode arrays with high continuous and nanosecond output power[J]. Optics Express, 2008, 16(13): 9918-9926.

[15]　MAASKANT P, AKHTER M, ROYCROFT B, et al. Fabrication of GaN-based resonant cavity LEDs[J]. Physica Status Solidi (a), 2002, 192(2): 348-353.

[16]　O'BRIEN D C, FAULKNER G E, ZYAMBO E B, et al. Integrated transceivers for optical wireless communications[J]. IEEE Journal of Selected Topics in Quantum Electronics, 2005, 11(1): 173-183.

[17]　SHAKYA J, LIN J Y, JIANG H X. Time-resolved electroluminescence studies of III-nitride ultraviolet photonic-crystal light-emitting diodes[J]. Applied Physics Letters, 2004, 85(11): 2104-2106.

[18] ZHANG S L, WATSON S, MCKENDRY J, et al. 1.5 Gbit/s multi-channel visible light communications using CMOS-controlled GaN-based LEDs[J]. Journal of Lightwave Technology, 2013, 31(8): 1211-1216.

[19] BAMIEDAKIS N, BEALS J, PENTY R V, et al. Cost-effective multimode polymer waveguides for highspeed on-board optical interconnects[J]. IEEE Journal of Quantum Electronics, 2009, 45(4), 415-424.

[20] KUDO T, ISHIGURE T. Analysis of interchannel crosstalk in multimode parallel optical waveguides using the beam propagation method[J]. Optics Express, 2014, 22(8): 9675-9686.

[21] DANGEL R, BERGER C, BEYELER R, et al. Prospects of a polymer-waveguide-based board-level optical interconnect technology[C]//2007 IEEE Workshop on Signal Propagation on Interconnects. Piscataway: IEEE Press, 2007: 131-134.

[22] PAPAKONSTANTINOU I, SELVIAH D R, PITWON R C A, et al. Low-cost, precision, self-alignment technique for coupling laser and photodiode arrays to polymer waveguide arrays on multilayer PCBs[J]. IEEE Transactions on Advanced Packaging, 2008, 31(3): 502-511.

[23] KINOSHITA R, MORIYA K, CHOKI K, et al. Polymer optical waveguides with GI and W-shaped cores for high-bandwidth-density on-board interconnects[J]. Journal of Lightwave Technology, 2013, 31(24): 4004-4015.

[24] LI X, BAMIEDAKIS N, WEI J L, et al. μLED-based single-wavelength bi-directional POF link with 10 Gbit/s aggregate data rate[J]. Journal of Lightwave Technology, 2015, 33(17): 3571-3576.

[25] LI X, BAMIEDAKIS N, GUO X, et al. Wireless visible light communications employing feed-forward pre-equalization and PAM-4 modulation[J]. Journal of Lightwave Technology, 2016, 34(8): 2049-2055.

[26] RASHIDI A, MONAVARIAN M, ARAGON A, et al. Nonpolar m-plane InGaN/GaN micro-scale light-emitting diode with 1.5 GHz modulation bandwidth[J]. IEEE Electron Device Letters, 2018, 39(4): 520-523.

[27] PENG M Z, LIU Y D, YU A F, et al. Flexible self-powered GaN ultraviolet photoswitch with piezo-phototronic effect enhanced on/off ratio[J]. ACS Nano, 2016, 10(1): 1572-1579.

[28] LI D B, SUN X J, SONG H, et al. Realization of a high—performance GaN UV detector by nanoplasmonic enhancement[J]. Advanced Materials, 2012, 24(6): 845-849.

[29] WANG W L, YANG Z C, LU Z Y, et al. High responsivity and low dark current nonpolar GaN-based ultraviolet photo-detectors[J]. Journal of Materials Chemistry C, 2018, 6(25): 6641-6646.

[30] YANG C Y, TURAGA S P, BETTIOL A A, et al. Textured V-pit green light emitting diode as a wavelength-selective photodetector for fast phosphor-based white light modulation[J]. ACS Photonics, 2017, 4(3): 443-448.

[31] HO K T, CHEN R, LIU G Y, et al. 3.2 Gbit/s visible light communication link with

InGaN/GaN MQW micro-photodetector[J]. Optics Express, 2018, 26(3): 3037-3045.

[32] BUTUN B, TUT T, ULKER E, et al. High-performance visible-blind GaN-based P-I-N photodetectors[J]. Applied Physics Letters, 2008, 92(3): 033507.

[33] ZHAN Z Y, ZHENG L X, PAN Y Z, et al. Self-powered, visible-light photodetector based on thermally reduced graphene oxide–ZnO (rGO–ZnO) hybrid nanostructure[J]. Journal of Materials Chemistry, 2012, 22(6): 2589-2595.

[34] ZHENG L X, HU K, TENG F, et al. Novel UV-visible photodetector in photovoltaic mode with fast response and ultrahigh photosensitivity employing Se/TiO$_2$ nanotubes heterojunction[J]. Small, 2017, 13(5): 1602448.

[35] HUANG Y T, YEH P S, HUANG Y H, et al. High-performance InGaN P-I-N photodetectors using LED structure and surface texturing[J]. IEEE Photonics Technology Letters, 2016, 28(6): 605-608.

[36] BAEG K J, BINDA M, NATALI D, et al. Organic light detectors: photodiodes and phototransistors[J]. Advanced Materials, 2013, 25(31): 4267-4295.

[37] GONG X, TONG M, XIA Y, et al. High-detectivity polymer photodetectors with spectral response from 300 nm to 1450 nm[J]. Science, 2009, 325(5948): 1665-1667.

[38] GENG X S, YU Y Q, ZHOU X L, et al. Design and construction of ultra-thin MoSe 2 nanosheet-based heterojunction for high-speed and low-noise photodetection[J]. Nano Research, 2016, 9(9): 2641-2651.

[39] LIN Q Q, ARMIN A, LYONS D M, et al. Low noise, Ir-blind organohalide perovskite photodiodes for visible light detection and imaging[J]. Advanced Materials, 2015, 27(12): 2060-2064.

第 4 章

半导体雪崩探测器

随着处于两个低损耗、低色散窗口（1.3 μm 和 1.55 μm）上的光纤通信系统以及基于白光 LED 的室内无线通信系统的迅猛发展，关于系统接收端的半导体雪崩探测器的研究受到了广泛关注。本章首先讨论雪崩探测器的微观物理基础，并分析在雪崩过程中离化碰撞机制所扮演的重要角色。接着，介绍离化碰撞工程，并介绍提高离化系数比的不同离化碰撞工程手段。最后，介绍几种常见的半导体雪崩探测器，并对其结构和性能进行分析。

| 4.1　离化碰撞 |

载流子的离化碰撞是半导体雪崩探测器工作原理中最核心的物理过程。在这一节中，我们将讨论半导体雪崩探测器的微观物理基础，并分析离化碰撞与载流子散射在雪崩过程中所起到的重要作用。

4.1.1　离化阈值能量

在半导体中的离化碰撞过程中，自由载流子（电子和空穴）被高电场加速，直到它们获得足够的能量，将电子从价带提升到导带。能引发离化碰撞的电场能量的大小取决于半导体材料的禁带宽度，在室温下可以在 10^4 V/cm（窄禁带半导体，例如 InAs，$E_g = 0.33$ eV）至 10^5 V/cm（宽禁带半导体，例如 GaP，$E_g = 2.24$ eV）的范围内变化。

离化碰撞所需的最小能量叫做离化阈值能量 E_i。离化阈值能量是非常重要的，因为它可以影响电子和空穴的离化概率，即离化系数。电子和空穴的离化系数分别用 α 和 β 表示，其定义是沿电场方向两次离化碰撞的平均距离的倒数。许许多多连续的离化碰撞过程引发了雪崩倍增，雪崩区域长度和载流子注入条件的变化，决定了雪崩增益的大小。

离化碰撞是一种三体碰撞过程，最后的载流子留下有限的动能和动量，通常可以发生离化碰撞的载流子的能量大于半导体的带隙能量。

离化阈值能量取决于半导体的能带结构。电子和空穴具有相等有效质量的抛物线能带，从简单的能量和动量守恒的角度来计算离化阈值能量 E_i 是比较简单的。然而，在过去 20 年中，大量实验和理论工作表明，一般能带在 k 空间中具有复杂的结构，如非抛物线、卫星轨道和各向异性结构。而非局域赝势计算可以准确地确定这种半导体的能带结构。因此，很多科学家致力于研究用于得到离化阈值能量的通用算法。

离化碰撞过程中离化阈值能量的计算方法首先由凯尔迪什（Keldysh）图建立。其基于最终载流子总能量的最小化，得到半导体的离化阈值能量。接下来将重点介绍这种方法，因为这种方法更具有物理上的直观性。

假想离化碰撞过程如图 4-1 所示。导带 i 中的初始电子 1 通过将电子 3 从价带 c 推到导带 c′中来产生离化。在许多实际情况中，c 和 c′是相同的能带。

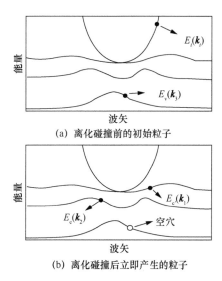

(a) 离化碰撞前的初始粒子

(b) 离化碰撞后立即产生的粒子

图 4-1　假想离化碰撞过程

最终载流子的总能量 E_f 和总动量 $\boldsymbol{K}_f$ 为

$$E_f = E_c(\boldsymbol{k}_1) + E_c(\boldsymbol{k}_2) - E_v(\boldsymbol{k}_3) \tag{4-1}$$

$$\boldsymbol{K}_f = \boldsymbol{k}_1 + \boldsymbol{k}_2 - \boldsymbol{k}_3 \tag{4-2}$$

其中，$E_a(\boldsymbol{k})$ 代表在能带 a 中波矢为 $\boldsymbol{k}$ 的载流子传递的能量。

为了求得离化阈值能量，必须满足：① 能量最小化；② 能量和动量守恒。

根据能量最小化的要求，式（4-2）和式（4-1）可以被整理为

$$\mathrm{d}\boldsymbol{K}_f = \mathrm{d}\boldsymbol{k}_1 + \mathrm{d}\boldsymbol{k}_2 - \mathrm{d}\boldsymbol{k}_3 = 0 \tag{4-3}$$

$$\mathrm{d}E_f = \mathrm{d}\boldsymbol{k}_1 \nabla_k E_c(\boldsymbol{k}_1) + \mathrm{d}\boldsymbol{k}_2 \nabla_k E_c(\boldsymbol{k}_2) - \mathrm{d}\boldsymbol{k}_3 \nabla_k E_v(\boldsymbol{k}_3) = 0 \tag{4-4}$$

将式（4-4）代入式（4-3），并且设 $v_g = \nabla_k E(\boldsymbol{k})/\hbar$，其中 v_g 是波矢为 $\boldsymbol{k}$、能量为 E 的载流子的群速，$\hbar$ 是约化普朗克常数，则得到

$$\mathrm{d}\boldsymbol{k}_2(v_1 - v_3) + \mathrm{d}\boldsymbol{k}_3(v_2 - v_3) = 0 \tag{4-5}$$

当 $\boldsymbol{K}_f$ 为常数时，$\mathrm{d}\boldsymbol{k}_2$ 和 $\mathrm{d}\boldsymbol{k}_3$ 线性独立，式（4-5）可以表示为

$$v_1 = v_2 = v_3 \tag{4-6}$$

可见，最终载流子具有相等的群速度，是离化碰撞所产生的载流子具有最小能量的必要条件。

能量和动量守恒要求最终载流子的最小总能量 $E_{fm}(\boldsymbol{k}_f)$ 等于在能带 i 上波矢为 $\boldsymbol{k}_f$ 的初始电子的能量 $E_i(\boldsymbol{k}_f)$，但不能保证任何 $\boldsymbol{k}_f$ 都满足这一条件，也就是说，式（4-6）不是发生离化碰撞过程的充分条件。

为了更好地理解这一点，考虑两组假想能量曲线 $E_i(\boldsymbol{k})$ 和 $E_{fm}(\boldsymbol{k})$（如图 4-2 所示）。当 $k < k_2$ 时，$E_i(\boldsymbol{k}) < E_{fm}(\boldsymbol{k})$，则载流子没有足够的能量发生离化碰撞。当 $k = k_2$ 时，$E_i(\boldsymbol{k}) = E_{fm}(\boldsymbol{k})$，则在 k_2 处存在离化阈值。当 $k > k_2$ 时，$E_i(\boldsymbol{k}) > E_{fm}(\boldsymbol{k})$，起始载流子具有比离化碰撞所需要的能量更多，因此可以发生离化碰撞。

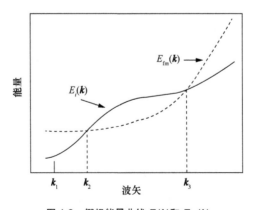

图 4-2　假想能量曲线 $E_i(\boldsymbol{k})$ 和 $E_{fm}(\boldsymbol{k})$

当 $k > k_3$ 时，$E_i(\boldsymbol{k}) < E_{fm}(\boldsymbol{k})$，这时离化碰撞过程就很难发生。请注意，$E_i$ 和 E_{fm}

在 k_3 处的性质不同于它们在 k_2 处的性质，$E_i(k_3)$ 被称为反向离化阈值。因此，k_1 和 k_3 定义了一个"产生对窗口"。这个效应可能发生在一个轻空穴碰撞价带上的两个重空穴和导带中的电子的过程中。如果离化阈值和反向离化阈值在能量上非常接近，那么有限的"产生对窗口"可以减小离化碰撞过程中的横截面面积。

另一个重要的问题是可能存在几个离化阈值。例如，对于图 4-2 中描述的情况，当 $k > k_3$ 时，$E_i(k)$ 可能再次越过 $E_{fm}(k)$，这将是第二个离化阈值。在 GaAs、Ge、Si、GaP 和 InSb 等材料中发现了多个离化阈值，这表明实际的有效离化阈值与场相关。简而言之，载流子能量分布的尾部曲线变化决定了离化碰撞的发生；随着场的增加，尾部移动到更高的能量，并且因此可以达到几个离化阈值。

值得一提的是，在离化阈值下发生的离化碰撞过程可能是间接的，涉及一个倒格矢（umklapp 过程：声子的总动量改变了一个非零倒格矢的动量）或声子的吸收。在声子吸收的情况下，由于声子波矢有助于动量守恒，因此电离能可能大幅降低并变得与带隙相当。然而，在这种情况下最终离化状态的确定变得十分复杂。

接下来，我们将专门介绍离化碰撞的过程，并且只考虑最低离化阈值，此后称离化阈值能量为 E_i。为了更好地说明离化阈值能量，我们首先考虑几个简单的能带模型。

（1）双抛物线能带

记导带电子的有效质量为 m_e，价带空穴的有效质量为 m_h，并考虑离化阈值方程，则粒子的波矢为

$$\boldsymbol{k}_1 = \boldsymbol{k}_2 = \boldsymbol{k}_3 \left(m_e / m_h \right) \tag{4-7}$$

离化碰撞后的总波矢为

$$\boldsymbol{k}_f = 2\boldsymbol{k}_1 + \boldsymbol{k}_3 = \boldsymbol{k}_1 \left(2 + m_h / m_e \right) \tag{4-8}$$

并且，最终粒子的最小总能量为

$$E_{fm} = \left(\hbar^2 k_1^2 / 2m_e \right) \boldsymbol{k}_1 \left(2 + m_h / m_e \right) + E_g = E_{i,e} \tag{4-9}$$

为了能量和动量守恒，导带必须提供具有波矢 $\boldsymbol{k}_i$ 和能量 $E_c(\boldsymbol{k}_i)$ 的初始电子。

$$E_c \left(\boldsymbol{k}_i \right) = \left(\hbar^2 k_1^2 / 2m_e \right) \boldsymbol{k}_1 \left(2 + m_h / m_e \right)^2 = E_{i,e} \tag{4-10}$$

消除式（4-9）和式（4-10）中的 $\boldsymbol{k}_1$ 后，离化阈值能量为

$$E_{i,e} = E_g \left(1 + m_e / \left(m_e + m_h \right) \right) \tag{4-11}$$

对于空穴的离化阈值能量，可以类推为

$$E_{i,h} = E_g \left(1 + m_h / \left(m_e + m_h \right) \right) \tag{4-12}$$

此时，若 $m_h = m_e$，则有

$$E_{i,e} = E_{i,h} = \frac{3}{2} E_g \tag{4-13}$$

这就是著名的 3/2 带隙规则。请注意，与有效质量比无关，这个模型介绍了最小有效质量的载流子的最低离化阈值能量

$$E_{i,e} + E_{i,h} = 3E_g \tag{4-14}$$

（2）三抛物线能带

这里，考虑离化碰撞过程涉及两个价带（其中一个价带包含质量为 m_{ho} 的重空穴，另一个价带由自旋轨道耦合产生，能量降低了 ΔE，空穴的质量为 m_o）的情况，可以使模型更为真实（如图 4-3 所示）。这种能带结构能够表现出一些闪锌矿半导体（如 GaAs）的相关特征。模型中电子的离化阈值能量 E_i 的表达式、阈值 k_i 处的起始载流子的波矢和最终载流子的波矢分别为

$$E_{i,e} = E_g \left(1 + \frac{m_e}{m_{ho} + m_e} \right) \tag{4-15}$$

$$\boldsymbol{k}_{i,e} = \left[E_g \left(\frac{2m_e}{\hbar^2} \right) \left(1 + \frac{m_e}{m_{ho} + m_e} \right) \right]^{1/2} \tag{4-16}$$

$$\boldsymbol{k}_1 = \boldsymbol{k}_2 = \boldsymbol{k}_{i,e} \left(\frac{m_e}{m_{ho} + m_e} \right) \tag{4-17}$$

$$\boldsymbol{k}_3 = \boldsymbol{k}_{i,e} \left(\frac{m_{ho}}{2m_{ho} + m_e} \right) \tag{4-18}$$

同理，空穴的离化情况为

$$E_{i,h} = E_g \left[1 + \frac{m_o \left(1 - \Delta E / E_g \right)}{\left(2m_{ho} - m_o + m_e \right)} \right] \tag{4-19}$$

$$k_{i,h} = \left[\left(E_g - \Delta E \right) \left(\frac{2m_o}{\hbar^2} \right) \frac{2m_{ho} + m_e}{\left(2m_{ho} - m_o + m_e \right)} \right]^{1/2} \tag{4-20}$$

$$k_1 = k_2 = k_{i,h}\left(\frac{m_{ho}}{2m_{ho} + m_e}\right) \tag{4-21}$$

$$k_3 = k_{i,h}\left(\frac{m_e}{2m_{ho} + m_e}\right) \tag{4-22}$$

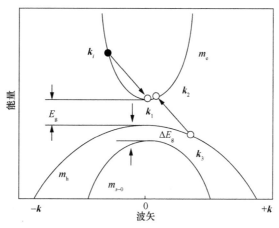

注：电子初始能量大小为离化阈值能量大小，
初始电子具有能量 E_i 和波矢 k_i；最终状态标记为 1，2 和 3。

图 4-3　假想抛物线能带结构

电子在离化阈值能量下引发的离化碰撞过程如图 4-3 所示。式（4-15）～式（4-22）说明离化阈值与能带结构有关。这是对能带基本保持抛物线形、同时能量超过离化阈值能量的情况（如 GaSb、$Al_xGa_{1-x}Sb$ 等）的一种合理的近似。

式（4-15）～式（4-22）表明自旋轨道分裂对空穴离化阈值有明显的影响，对于 $E_g = \Delta E$ 的材料，空穴的离化阈值能量与带隙相当，并且 $k_1 = k_2 = k_3 = 0$。换句话说，垂直跃迁中的零动量变化降低了空穴的离化阈值能量。这种影响导致 $Al_xGa_{1-x}Sb$ 在 $x = 0.065$ 时，实验观察到空穴离化系数的强共振增强。

（3）非抛物线导带和抛物线价带

发生离化碰撞时使价带保持抛物线形、导带为非抛物线形的材料中，部分 III-V 族材料的导带中心能谷可以表示为

$$\hbar^2 k / 2m_e = E(1 + \alpha E) \tag{4-23}$$

其中，α 是非抛物线形系数，表示能带 $E(k)$ 与抛物线形偏差程度的系数。在这种情况下，电子的离化阈值能量表示为

$$E_{i,e} = E_{g}\left(\frac{1+2\mu}{1+\mu}\right)\left[1 + \frac{\mu(1+2\mu)}{(1+\mu)^{2}}\alpha E_{g}\right] \tag{4-24}$$

其中，$\mu = m_{e}/m_{h}$，表示电子和空穴有效质量之比。

4.1.2　电子、空穴的离化系数

离化碰撞理论解决了在高电场的情况下计算载流子分布函数的问题。在这些理论中，大多数以解析表达式，或者由一些基本参数（如平均自由路径和离化阈值能量）得到的数值曲线给出离化系数。获得离化系数的参数可以通过拟合实验数据来确定，离化碰撞理论通常假设能带为抛物线形或简单的非抛物线形。

有研究尝试在离化碰撞理论中引入现实半导体的能带结构，如 III-V 族材料。在这些情况下，使用蒙特卡罗方法可以方便地计算出离化系数。

离化碰撞的微观理论对离化过程和雪崩区域做出了一些基本却重要的假设：① 空间均匀并且电场为时不变；② 雪崩空间足够长；③ 载流子在电场和声子碰撞的竞争性影响下迅速达到空间稳态。

在假设下，离化系数（载流子场沿场方向每单位距离发生离化碰撞的概率）与位置无关，仅取决于电场强度。离化系数可以由沿电场方向离化碰撞之间的平均距离 $\langle x \rangle$ 的倒数计算得到，或者等同于单位时间发生离化碰撞的平均概率与平均漂移速度之比。所以载流子离化碰撞的平均距离应满足

$$\langle x \rangle \gg E_{i}/eF \tag{4-25}$$

式（4-25）右边是在电场 F 中，载流子在电场下加速产生电子－空穴对所需的最短距离。然而，在非常高的电场中，这个距离与平均距离 $\langle x \rangle$ 相当，所以 $\langle x \rangle^{-1}$ 不能再被认为是单位距离产生一对电子－空穴对的概率。在电场非常高的情况下，离化系数就变成了一个非局域的位置相关量。

然而，在实验过程中通常不能满足上述的假设，因为电场在短距离内变化很大，或雪崩区域非常薄（远小于 1 μm）。如果电场在电离距离 $1/\alpha$ 上变化不大，即

$$\frac{1}{\alpha(F_{m})}\frac{1}{F_{m}}\frac{dF}{dx} < 1 \tag{4-26}$$

其中，$\alpha(F_{m})$ 是载流子在最大电场 F_{m} 下得到的离化系数，并且雪崩区域远大于最小离化距离 E_{i}/eF_{m}，我们仍然可以定义一个局部离化系数 $\alpha(F(x))$，并按照恒定离化系数的方式进行计算。

离化系数主要由载流子在电场中获得等于离化阈值能量 E_i 的能量的概率决定，我们可以假设大多数载流子在发生离化碰撞时，能量已经非常接近离化阈值。如果我们用 $P(E_i)$ 表示这个离化碰撞发生的概率，那么电子的离化系数 $\alpha(F)$ 可以表示为

$$\alpha(F) = (eF / E_i)P(E_i) \tag{4-27}$$

空穴离化系数有相同的表达式。$P(E_i)$ 因子的存在可以理解为由能量守恒造成的限制。在极高的电场中，达到离化阈值处的概率趋于统一，因为实际上每个载流子都会逃离与声子的碰撞。离化碰撞系数的倒数 α^{-1} 趋向于 E_i / eF，这是产生电子–空穴对所需的最小距离。这也是分析实验数据的一个重要考虑因素，离化系数超过渐近极限 eF / E_i 的值应该作为非物理性的错误丢弃。

同时，在载流子平均能量显著高于离化阈值能量的情况下，式（4-27）也是有效的，此时，E_i 应该被有效电离能 $\langle E_i \rangle$ 代替，离化系数为

$$\alpha(F) = \left(eF / \langle E_i \rangle\right)P\left(\langle E_i \rangle\right) \tag{4-28}$$

$P(E_i)$ 与能量分布函数 $f(E_i)$ 成比例，而能量分布函数 $f(E_i)$ 又可以通过求解动量分布函数 $f(\boldsymbol{p})$ 的玻尔兹曼方程获得。假设电场时不变，均匀场且没有扩散效应的玻尔兹曼方程为

$$eF\nabla_p f(\boldsymbol{p}) = \int\mathrm{d}\boldsymbol{p}'\left[f(\boldsymbol{p}')W(\boldsymbol{p}', \boldsymbol{p}) - f(\boldsymbol{p})W(\boldsymbol{p}, \boldsymbol{p}')\right] \tag{4-29}$$

式（4-29）表明，在稳定状态下，场的加速引起的分布变化率必须平衡碰撞引起的分布变化率。$W(\boldsymbol{p}, \boldsymbol{p}')$ 是在单位时间内，载流子动量 $\boldsymbol{p}$ 由散射改变了 $\mathrm{d}\boldsymbol{p}'$ 后变为 $\boldsymbol{p}'$ 的概率。分布函数 $f(\boldsymbol{p})$ 可以由一系列勒让德（Legendre）多项式表示为

$$f(\boldsymbol{p}) = \sum_{n=0}^{\infty} f_n(E)P_n(\cos\theta) \tag{4-30}$$

其中，$P_n(\cos\theta)$ 是 n 阶 Legendre 多项式，θ 是动量 $\boldsymbol{p}$ 和场方向之间的夹角。

通常，式（4-30）只有部分项被保留，而扩展项在玻尔兹曼方程中被代替。因此式（4-29）可被转换为系数 $f_n(E)$ 的一组耦合微分方程。我们主要关心 $f_0(E)$ 项，因为它与载流子密度成正比，代表能量分布函数。

4.1.3　高电场下声子散射

载流子的离化系数不仅受离化阈值能量的影响，而且受声子散射速率的影响。

载流子与声子的碰撞会导致载流子能量和动量的损失，并因此影响离化碰撞产生电子-空穴对所需的平均距离。在没有声子碰撞的情况下，离化碰撞产生电子-空穴对所需的平均距离是 E_i / eF，而声子散射会大大增加这个距离。其中与场的方向相反的散射对碰撞距离的影响是非常大的，因为在遭受与场的方向相反的碰撞之后，载流子被电场减速并失去相当大的能量，这大大增加了载流子获得离化阈值能量所需的距离。

本节简要介绍雪崩体系中最重要的散射机制，强调它们与半导体能带结构的关系，并简要讨论高场散射机制。

对于禁带宽度超过 0.5 eV 的半导体，影响离化碰撞最主要的散射过程是畸变势相互作用，如具有较大 k 值的纵光学散射和谷间声子散射。而极性光学声子散射仅对窄带隙半导体（如 InSb 和 InAs）影响较大，对其余半导体影响有限。

原则上应该考虑由电离杂质引起的散射，因为在大多数情况下雪崩倍增发生在反向偏置的 PN 结的空间电荷区。由于散射的库仑性质，散射速率随着能量的增加而减小，因此电离杂质散射对于发生离化碰撞的热载流子而言，可以忽略不计。

中性杂质散射是一种独立于能量的过程，在离化碰撞理论中也常常被忽略。尽管如此，另一种效应，即热载流子与杂质的离化碰撞，可能在实际情况下变得重要。这种效应与相关能级的深度、中性杂质的浓度和温度有关，但很少被研究。从基本观点来看，如果我们考虑本征半导体材料（如目前常见的 Si 和 Ge），可以忽略它。

需要考虑的另一种碰撞机制是三元或四元化合物半导体中的合金散射，这种散射源于 III-V 族原子在它们各自的晶格位置中的不规则分布。但由于在较高的能量下合金散射的散射率较低，合金散射在离化碰撞过程中的重要性也是有限的。

载流子之间的散射也应该被考虑。但在反向偏压 APD 雪崩击穿前，载流子之间的散射可以被近似忽略，因为此时载流子浓度没有超过 10^{10} cm^{-3}。然而这种近似对撞击雪崩式渡越时间二极管并不适用，因为它的载流子浓度可以很轻松地达到 10^{16} cm^{-3}。

具有波矢 $\boldsymbol{k}$ 的载流子可以通过吸收或发射一个或多个声子而转换到波矢为 $\boldsymbol{k}'$ 的状态。如果我们只考虑单声子过程，并考虑动量和能量守恒，则

$$\boldsymbol{k}' = \boldsymbol{k} \pm \boldsymbol{q} \tag{4-31}$$

$$E(\boldsymbol{k}') = E(\boldsymbol{k}) \pm \hbar\omega_q \tag{4-32}$$

其中，$\boldsymbol{q}$ 和 $\hbar\omega_q$ 分别是声子的波矢和能量，$E(\boldsymbol{k})$ 和 $E(\boldsymbol{k}')$ 是载流子的初始能量和最终能量。通常，在计算状态 $\boldsymbol{k}$ 之外的总散射率 $1/\tau(\boldsymbol{k})$ 时，会有以下两个假设。

① 波矢从 $\boldsymbol{k}$ 转换到 $\boldsymbol{k}'$ 是瞬间发生的（零碰撞持续时间）。

② 碰撞频率 $1/\tau$ 足够小，使得可以确定载流子在初始状态和最终状态的动量和能量。这就要求不确定性原理所得到的 $E(\boldsymbol{k})$ 和 $E(\boldsymbol{k}')$ 的碰撞展宽 $\Delta E \approx \hbar/\tau$，远小于能量的改变 $\hbar\omega$。

在这两个假设下，载流子被散射出波矢 $\boldsymbol{k}$ 的概率 $\dfrac{1}{\tau(\boldsymbol{k})}$（总散射率）可以使用基于一阶时间微扰理论的费米黄金规则来计算。

$$\frac{1}{\tau(\boldsymbol{k})} = \frac{2\pi}{\hbar} \sum_q \left|\boldsymbol{H}'_{\boldsymbol{k}+\boldsymbol{q},\boldsymbol{k}'}\right|^2 \left[\left(1+N_{\omega_q}\right)\delta\left(E(\boldsymbol{k}) - E(\boldsymbol{k}+\boldsymbol{q}) + \hbar\omega_q\right) + \right.$$
$$\left. N_{\omega_q}\delta\left(E(\boldsymbol{k}) - E(\boldsymbol{k}+\boldsymbol{q}) - \hbar\omega_q\right)\right] \tag{4-33}$$

其中，$\boldsymbol{H}'_{\boldsymbol{k}+\boldsymbol{q},\boldsymbol{k}'}$ 是波矢为 $\boldsymbol{q}$ 的电子与平衡数为 N_{ω_q} 的声子的相互作用矩阵，而 $1+N_{\omega_q}$ 表示由于自发或激发而产生的声子发射，而 N_{ω_q} 表示声子的吸收，其中 N_{ω_q} 为

$$N_{\omega_q} = \left[\exp\left(\frac{\hbar\omega_q}{k\mathrm{T}}\right) - 1\right]^{-1} \tag{4-34}$$

我们在这里只考虑与极高电场输运有关的主要声子散射机制，即极性声子散射和谷间散射。极性声子散射对窄带隙 III-V 族材料（如 InAs 和 InSb）中的离化碰撞影响很大，而谷间散射对硅和其他大多数 III-V 族材料（如 GaAs、InP 等）中的雪崩倍增过程影响强烈，包括在 1.3～1.7 μm 长波长区域的三元和四元化合物半导体。

（1）极性模式散射

在极性半导体中，纵光学支的晶格振动导致晶体的电极化，从而使载流子发生散射。在 III-V 族材料（如 InSb 和 InAs）中，这种散射机制在电子能量至离化阈值能区间占主导地位。因为卫星谷和 $\varGamma$ 点最小值之间的能量间隔大于电子电离能，因此谷间散射在上述两种材料的雪崩状态中不起作用。

可以证明波矢从 $\boldsymbol{k}$ 到 $\boldsymbol{k}'$ 的极化声子散射率 $W_{\boldsymbol{k},\boldsymbol{k}'}$ 与 $1/\left|\boldsymbol{k}'-\boldsymbol{k}\right|^2$ 成正比。分母 $\left|\boldsymbol{k}'-\boldsymbol{k}\right|^2$ 表明小角度散射比大角度散射占优势，这是电子与晶格振动电极化相互作用的库仑分量的一种表现。

因此，动量不是随机的，这导致电子速度在电场 F 的方向上聚集。另外，在高电场 F 处，电场本身倾向于将电子集中分布在沿着电场方向的 $\boldsymbol{k}$ 空间，因为在小角度碰撞之间存在大量的动量和能量增益。电场的聚焦效应如图 4-4 所示，其中最初远离场的方向的电子逐渐接近电场的方向。在图 4-4 中电子在电场 F 的方向上的 $\boldsymbol{k}$

空间中加速，但在等能面之间的散射与初始状态关于半径对称。我们假定当电子到达上表面时发生散射，并且散射发生在散射概率分布的中心处。

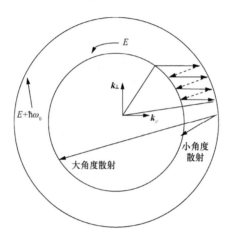

图 4-4　电场的聚焦效应

　　电子分布的各向异性在更高的电场中更强，并且在 InAs 和 InSb 的雪崩状态中也持续存在。作为能量函数的总散射率可以通过在最终状态上积分 $W_{k,k'}$ 来计算。对于能量大于光学声子能量（35 meV）的电子，散射率由于极性声子散射而迅速增加，然后随着电场能量的增加而逐渐减小，也就意味着在高电场下，场的能量输入速率的增加导致碰撞速率的降低，导致电子温度的快速上升和窄带隙材料（如 InSb 和 InAs）产生极性击穿。但在现实中，这通常不会发生，因为当极化声子散射效果较差时，离化碰撞会发生能量的损失。高能量下极性散射的有效性损失和离化碰撞的小角度性质，是电子与纵向晶格振动之间相互作用的库仑性质的明显表现。

　　（2）谷内和谷间散射

　　在 GaAs 和 InP 等材料中，极性散射并不是雪崩倍增发生时的主要散射机制。在远低于击穿电场强度（$10^3 \sim 10^4$ V/cm）的电场处，电子在中央谷中获得了足够的能量，以致它们可以通过谷间声子碰撞传递到卫星谷或更高的导带。

　　从 GaAs 的能带结构可知，载流子可以散射到两组能谷的谷内：沿等效 $\langle 100 \rangle$ 方位的 3 个 X 谷和沿 $\langle 111 \rangle$ 方向的 4 个 L 谷。请注意，由于卫星能谷最小值的位置，这种散射机制涉及碰撞中的大动量转移。因此与极化散射不同，谷内传输在从电场获得动量方面非常有效。谷内传输源于畸变势散射，即由声波的应变场引起的散射。在这些跃迁中，参与的声子主要是具有较大 k 值的光学支声子和声学支声子。大多数离化碰撞理论考虑的只有一个声子能量，即中心区光学声子能量。在实际过程中，散射过程涉及不同类型的声子，更好的近似方法是取光学支声子和声学支声子的区边声子能量的平均值。

而对于与布里渊区半径没有太大差异的声子波向量，计算谷间散射方程中的矩阵元素与电子的初始波矢和最终波矢无关，因此碰撞概率严格保持各向同性。

4.2　雪崩探测器器件物理

4.2.1　半导体雪崩探测器简介

APD 是一种高增益的光探测器，它在高反向偏压下工作，并发生雪崩倍增效应，具有较高的量子效率和响应度、较低的暗电流、较大的带宽与信噪比。然而高增益的代价是噪声的增加，因此对雪崩探测器的分析与应用，需要综合考虑它的增益特性与噪声特性。

与简单的 PN 或 PIN 型探测器相比，APD 的独特之处在于载流子的雪崩倍增效应。这种增益机制有助于在许多应用中提高信噪比，代价是增加了结构和伺服电路的复杂性。APD 增益是人们为了最大化系统性能而必须考虑的参数。最大增益下的信噪比或噪声等效功率取决于系统参数，这些参数主要包括背景和信号光功率、工作温度和工作波长等。

雪崩探测器的基本结构如图 4-5 所示。相比于普通 PIN 型二极管，雪崩探测器增加了漏电流保护环，从而降低了高电场下的漏电流。保护环应具有较低的杂质梯度和较大的曲率半径，保证保护环在工作时不被击穿。

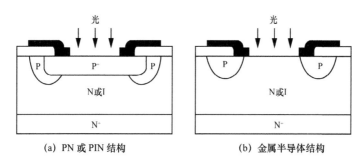

(a) PN 或 PIN 结构　　　　　(b) 金属半导体结构

图 4-5　雪崩探测器的基本结构

雪崩探测器的工作原理如图 4-6 所示。在吸收区，价带电子在得到光子能量后，从价带跃迁到导带中，产生了光生电子和光生空穴。若此时给器件加上反向偏压，形成的反向电场把载流子和光生载流子驱赶到正负电极上，光生载流子就形成了光生电流。对该光电流信号进行探测，就形成了基本的 PIN 型探测器。但此时收集的光电流并不多，因此 PIN 型探测器的探测效率并不高。

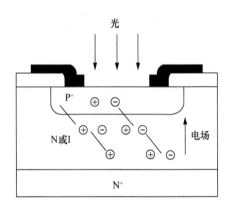

图 4-6　雪崩探测器的工作原理

而在 PN 结两端施加较高的反向偏压时，被电场加速后的具有较高动能的电子和空穴不断与晶格碰撞电离形成新的电子–空穴对，新形成的载流子在电场中继续发生离化碰撞，从而形成雪崩效应，光电流因此被放大。收集这种被放大的光电流，即可实现对光的高灵敏度的探测。

4.2.2　雪崩速率方程

目前，被普遍接受的离化碰撞理论模型由两部分组成。第一部分是通过一些基本的物理量（如离化阈值能量和声子散射率）将离化系数与分布函数联系起来。第二部分则将电荷或电流的倍增效应与离化系数关联起来。

在雪崩速率方程中使用的结点和边界条件如图 4-7 所示。在雪崩倍增过程中，假定空间电场方向如图 4-7 所示，电子沿着正方向以速度 v_n 运动，空穴在负方向上以速度 v_p 运动。电流密度 J_n 和空穴电流密度 J_p 可分别表示为 $J_n = -env_n$ 和 $J_p = epv_p$，与电子浓度 n 和空穴浓度 p 联系起来，其中 e 是电子电荷的大小。

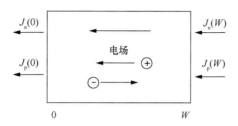

图 4-7　在雪崩速率方程中使用的结点和边界条件（0<x<W）

总电流密度 $J_n + J_p$ 沿着电场方向，但在倍增过程中 J_n 随着 x 的增加而增加，而 J_p 随着 x 的减小而增加，W 是电场区域的宽度。根据电离率描述雪崩倍增的微分方程在时不变的情况下为

$$\mathrm{d}J_n / \mathrm{d}x = \alpha'(x)J_n(x) + \beta'(x)J_p(x) \tag{4-35}$$

$$-\mathrm{d}J_p / \mathrm{d}x = \alpha'(x)J_n(x) + \beta'(x)J_p(x) \tag{4-36}$$

用 $\alpha'(x)$ 和 $\beta'(x)$ 而不是 α 和 β 来表示离化系数，是因为过去在表达式（4-35）与式（4-36）时，用载流子浓度 $n(x)$ 和 $p(x)$ 的方程式代替了电流密度 $J_n(x)$ 和 $J_p(x)$。虽然在许多实际情况下这两种方法是等价的，但这种等价并不是完全正确的，因为采用载流子浓度作为参数，需假定电子和空穴的速度相等。另外，在大多数雪崩倍增实验中，测量的是电流而不是电荷。所以式（4-35）和式（4-36）更具有通用性，适用于非均匀场的情况以及载流子尚未达到空间稳定状态的情况，即离化系数明确取决于位置。

现在我们考虑通常在实际问题中遇到的非均匀电场的情况。如果电场在离化距离 E_i / eF_m 处没有强烈的变化，我们可以假设电子离化系数只明确取决于电场而不取决于位置，即

$$\alpha' = \alpha[F(x)] \tag{4-37}$$

另外，如果电场 F 的空间变化足够渐进，我们仍然可以假设这个电场是一个稳定状态的空间。大多数离化系数数据是通过测量雪崩增益并使用式（4-35）和式（4-36）求得的。值得一问的是，通过电流密度等式定义的宏观离化系数 α' 和 β'，是否与通过分布函数计算得到的微观电离率 α 和 β 相同，为离化碰撞平均距离的倒数呢？目前的研究已经证明，通常这两个定义是不等价的，因此必须谨慎地将理论计算的离化系数拟合到实验得到的离化系数上。

从微观角度看，通过对玻尔兹曼方程的求解获得电子分布，利用所得单位时间

产生电子（空穴）的概率 $\tau_n^{-1}(\tau_p^{-1})$ 以及电子（空穴）的漂移速度 $|v_n|(|v_p|)$，同时以离化碰撞之间的平均自由运动距离的倒数来确定离化系数，则电子（空穴）的离化系数计算方法为

$$\alpha_{cal} = \left(\left|v_n\right|\tau_n\right)^{-1} \tag{4-38}$$

$$\beta_{cal} = \left(\left|v_p\right|\tau_p\right)^{-1} \tag{4-39}$$

其中，α_{cal} 和 β_{cal} 分别为电子和空穴的离化系数。

让我们考虑一个以电子漂移速度 v_n 运动的参考系，以及一个相对空穴以空穴漂移速度 v_p 运动的参考系。在固定框架中，由于平稳性，点 x 处的载流子浓度 n 和 p 在时间上是恒定的，而在运动参考系中它们是时间相关的。因此，在两个移动的参考系中，读取电子和空穴的速率方程为

$$\left.\frac{\mathrm{d}n}{\mathrm{d}t}\right|_{v_n} = \frac{n}{\tau_n} + \frac{p}{\tau_p'} \tag{4-40}$$

$$\left.\frac{\mathrm{d}p}{\mathrm{d}t}\right|_{v_p} = \frac{n}{\tau_n'} + \frac{p}{\tau_p} \tag{4-41}$$

其中，$|_{v_n}$（$|_{v_p}$）表示"在相对于电子（空穴）的移动参考系中"，τ_n^{-1} 和 τ_p^{-1} 是电子和空穴在单位时间的离化碰撞概率。一般而言，τ_n'、τ_p' 与 τ_n、τ_p 不同，稍后再进行说明。移动参考系中的 n 和 p 关于时间的导数为

$$\left.\frac{\mathrm{d}n}{\mathrm{d}t}\right|_{v_n} = \left.\frac{\mathrm{d}n}{\mathrm{d}t}\right|_0 + v_n\frac{\mathrm{d}n}{\mathrm{d}x} \tag{4-42}$$

$$\left.\frac{\mathrm{d}p}{\mathrm{d}t}\right|_{v_p} = \left.\frac{\mathrm{d}p}{\mathrm{d}t}\right|_0 + v_p\frac{\mathrm{d}p}{\mathrm{d}x} \tag{4-43}$$

从式（4-42）和式（4-43）可得连续性方程为

$$J_n + J_p = env_n + epv_p = \text{const} \tag{4-44}$$

$$\frac{1}{\tau_p'} = \frac{1}{\tau_p} + \frac{\mathrm{d}v_p}{\mathrm{d}x} \tag{4-45}$$

$$\frac{1}{\tau_n'} = \frac{1}{\tau_n} - \frac{\mathrm{d}v_n}{\mathrm{d}x} \tag{4-46}$$

其中，const 表示恒定值。

将式（4-40）～式（4-46）整理得

$$\frac{\mathrm{d}n}{\mathrm{d}x} = \frac{n}{v_{\mathrm{n}}\tau_{\mathrm{n}}} + p\left(\frac{1}{v_{\mathrm{n}}\tau_{\mathrm{p}}} - \frac{1}{v_{\mathrm{n}}}\frac{\mathrm{d}v_{\mathrm{p}}}{\mathrm{d}x}\right) \tag{4-47}$$

$$\frac{\mathrm{d}p}{\mathrm{d}x} = \frac{p}{v_{\mathrm{p}}\tau_{\mathrm{p}}} + n\left(\frac{1}{v_{\mathrm{p}}\tau_{\mathrm{n}}} - \frac{1}{v_{\mathrm{p}}}\frac{\mathrm{d}v_{\mathrm{n}}}{\mathrm{d}x}\right) \tag{4-48}$$

结合式（4-35）~式（4-48），可得

$$\alpha' = \alpha - \frac{1}{v_{\mathrm{n}}}\frac{\mathrm{d}v_{\mathrm{n}}}{\mathrm{d}x} \tag{4-49}$$

$$\beta' = \beta + \frac{1}{v_{\mathrm{n}}}\frac{\mathrm{d}v_{\mathrm{p}}}{\mathrm{d}x} \tag{4-50}$$

式（4-49）和式（4-50）将实验可测得的 α' 和 β' 与计算得到的 α 和 β 联系起来。接下来讨论式（4-49）和式（4-50）中等号右边第二项的物理意义。将式（4-49）和式（4-50）改写为

$$\alpha - \alpha' = \frac{1}{v_{\mathrm{n}}}\frac{\mathrm{d}v_{\mathrm{n}}}{\mathrm{d}F}\frac{\mathrm{d}F}{\mathrm{d}x} \tag{4-51}$$

$$\beta - \beta' = -\frac{1}{v_{\mathrm{p}}}\frac{\mathrm{d}v_{\mathrm{p}}}{\mathrm{d}F}\frac{\mathrm{d}F}{\mathrm{d}x} \tag{4-52}$$

如果我们考虑一个在恒定电场下的 PIN 型二极管，则 $\dfrac{\mathrm{d}F}{\mathrm{d}x} = 0$，$\alpha = \alpha'$，$\beta = \beta'$。但是，大多数离化系数的测量都是在 PN 结中进行的，其中 $\dfrac{\mathrm{d}F}{\mathrm{d}x} \neq 0$。在 Si 和 GaAs 中，为了发生离化碰撞，阈值电场 F_{m} 必须大于或等于 10^5 V/cm。因此，理论上必须知道当 $F \geqslant 10^5$ V/cm 时，漂移速度对所施加电场的依赖性，以式（4-51）和式（4-52）中等号右侧的项，从而评估测量得到的 α' 和 β' 与微观离化系数 α 和 β 的差别。综上所述，有如下总结。

① 对于均匀电场或者空间稳态情况（如具有长 I 区域的 PIN 型二极管），微观离化系数 α 和 β 可以被定义为离化碰撞之间的平均距离的倒数。电流密度的速率方程中的离化系数 α' 和 β' 与 α 和 β 相同。

② 对于非均匀电场或非局部问题，必须改变 α 和 β 的微观定义以确保 $\alpha = \alpha'$，$\beta = \beta'$。这个新定义应与旧定义在统一场和空间稳态情况下相吻合。

③ 通过离化碰撞理论计算得到的 α 和 β 通常不能用于拟合具有非均匀场或雪崩区较薄的器件中测量得到的离化系数，因为在这些情况下 $\alpha \neq \alpha'$，$\beta \neq \beta'$。然而，

如果电场随距离的变化足够平缓，可以假设载流子与电场在局部分布达到平衡，并已知雪崩状态下漂移速度的电场依赖性，则之前的离化碰撞模型仍可用于分析实验数据。

如果假设 α 和 β 独立于位置，或者根据电场 $F(x)$ 通过空间坐标 x 唯一确定，则可以利用雪崩速率方程相对简单地求解电流或雪崩增益。我们将集中讨论两个 α 和 β 的实验确定十分简单的特殊情况，即纯电子和纯空穴注入。这两种情况可以参照图 4-7 来理解，并且当在空间电荷区域中除了离化碰撞以外不存在载流子产生时，$J_n(0) \neq 0$，$J_p(W) = 0$，或者 $J_n(0) = 0$，$J_p(W) \neq 0$。

首先考虑纯电子引发离化碰撞的情况。以电流密度 $J_n(0)$ 注入的电子经历离化碰撞，使得 J_n 随距离增加。在直流条件下，总电流是恒定的，可表示为

$$J = J_n(x) + J_p(x) = J_n(W) = \text{const} \tag{4-53}$$

因此，空穴电流密度从右向左增加。电流大小取决于由电场控制的 α 和 β 的值。电子引发的雪崩增益 M_n 被定义为在纯电子注入的条件下，发生雪崩增益时流过器件的电流与没有增益时流过器件的电流之比。即

$$M_n = J_n(W) / J_n(0) \tag{4-54}$$

同样地，纯空穴激发引起的雪崩增益为

$$M_p = J_p(0) / J_p(W) \tag{4-55}$$

鉴于任何器件在耗尽层总是存在热载流子，从而形成暗电流，所以在空间电荷区域中除雪崩倍增生成载流子之外不产生热载流子似乎是不现实的。因此，通过光电流倍增实验测量雪崩增益仅考虑从外部注入（如通过光激发）的载流子的放大。

因此，由以上情况得到的雪崩速率方程的解为

$$M_n = \left\{ 1 - \int_0^W \alpha \exp\left[-\int_0^x (\alpha - \beta) \mathrm{d}x' \right] \mathrm{d}x \right\}^{-1} \tag{4-56}$$

$$M_p = \left\{ 1 - \int_0^W \beta \exp\left[\int_x^W (\alpha - \beta) \mathrm{d}x' \right] \mathrm{d}x \right\}^{-1} \tag{4-57}$$

雪崩击穿电压被定义为雪崩增益无穷大时的电压，可以通过令式（4-56）和式（4-57）的分母等于 0 得到。尽管击穿电压与注入条件无关，但雪崩增益取决于载流子的注入位置。在恒定或线性场分布的情况下，可以使用式（4-56）和式（4-57）

表达雪崩增益。M_n 和 M_p 是 α 和 β 函数，因此，α 和 β 的确定可以得到 M_n 和 M_p 的值。

4.2.3　双极离化与单极离化

离化系数随着施加电场强度的增强而增加，并且随着设备温度的升高而下降。离化系数随着电场强度增强的增加是由于高电场下载流子能量和速度的增加，而随设备温度升高而下降是由于与热激发原子的非离化碰撞的增加。这些额外的碰撞降低了载流子的速度，并降低了载流子获得足够能量以发生离化碰撞的可能性。对于给定的温度，离化系数与电场强度满足指数关系，并且具有如下函数形式。

$$\alpha = a \exp\left(-\left[b/E\right]^c\right) \tag{4-58}$$

其中，a、b、c 为实验确定的常数，E 为电场强度。而通常空穴的离化系数与电子的不同，所以一个重要的描述 APD 性能的指标为离化系数比，表示为

$$k = \beta/\alpha \tag{4-59}$$

当空穴不主导离化碰撞时，$k \ll 1$，如图 4-8（a）所示，被称为单极离化。进入增益区的光电子被电场快速加速，高动能电子引发一系列碰撞电离，最终导致从单个光电子产生多个电子。

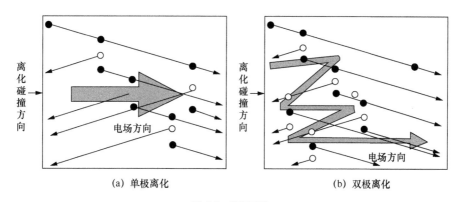

(a) 单极离化　　　　　　　　　　(b) 双极离化

图 4-8　两种离化

在图 4-8（a）中，由电子主导离化碰撞（$k \ll 1$）雪崩从左到右以明确的方式进行。当光电子进入增益区时，有一个明确倍增的开始，并且当载流子到达增益的末端时雪崩过程结束。除了图 4-8(a)所示的情况，在空穴主导离化碰撞（$k \gg 1$）

的情况下，雪崩过程会从右向左进行。

在图 4-8（b）中，可以看出 $k \approx 1$，也就是说电子和空穴同时参与离化碰撞，被称为双极离化。离化碰撞所激发的载流子有些是由电子引起的，有些是由空穴引起的。向右移动的电子可能会激发向左移动的空穴，这会导致电子向右移动、空穴向左移动等。这实质上是一种正反馈机制。

雪崩过程在双极离化过程中以某种不受控制的方式进行，根据电子和空穴的离化情况在增益区域内运动。当光子进入增益区时，虽然有一个明确定义的开始，但是除非等待所有可能的离化碰撞的发生，否则不再有明确定义的终点。倍增过程中的这种不确定性以及倍增结束后完全清除所有离化载流子的额外时间降低了 APD 的性能，因此 $k=1$ 的情况是不希望的。但 $k=1$ 的情况不一定是 APD 的最坏情况，因为半导体雪崩探测器的实际特性强烈依赖于载流子进入增益区的确切位置以及增益区内 α 和 β 随空间的变化。

幸运的是，在一些半导体材料中，电子和空穴的离化系数并不相同。例如，在 Si 中，电子比空穴更加容易和电子发生离化碰撞，可以获得 0.003～0.01 的 k 值，并且 Si 可以用于制造用于短波长的质量非常高的 APD。对于基于 InP 和 Ge 的材料，空穴比电子有更多的电离，并且 $\alpha < \beta$。不幸的是在高电场下，InP、Ge 和 GaAs 中的 k 值变得非常接近于 1，并且难以用于制造高质量 APD。

在实践中，可以针对 APD 结构进行优化，使其中一种载流子更加具有离化能力。在电子主导离化碰撞的材料中，我们希望光子在器件的 P 侧附近被吸收，并希望半导体具有尽可能小的 k 值。在空穴主导离化碰撞的材料中，我们希望光子在器件的 N 侧附近被吸收，并且希望半导体具有尽可能大的 k 值。

4.2.4　雪崩过剩噪声

即使在 $k=0$ 或者 $k=\infty$ 的理想情况下，载流子经历离化碰撞后，倍增产生的载流子数量也具有一定的随机性。这种随机性是因为离化碰撞的发生取决于多种因素，包括载流子产生的位置、载流子的类型（空穴或电子）、电场的局部值、半导体的局部掺杂密度以及载流子的路径。因此，雪崩倍增过本质上是统计性的，并且吸收的每个光子转化为载流子的确切数量存在不可避免的波动。这种波动是 APD 内的噪声源，被称为倍增噪声或 APD 过剩噪声，就像在光电导器件中发生的产生–复合

（G-R）噪声。

单位带宽的 APD 过剩噪声可以表示为

$$\langle i^2 \rangle = 2eI_{ph} \langle M^2 \rangle F \tag{4-60}$$

其中，e 是电子电荷，I_{ph} 是未被放大的光电流，$\langle M \rangle$ 是平均雪崩增益，F 是过剩噪声因子。简单起见，我们忽略了设备的暗电流。

如果雪崩过程是确定的，换句话说，如果每个注入的光子都经历相同的增益 M，则过剩噪声因子 F 为 1。在实际情况中，由于信号光子的随机到达，所得到的噪声将仅仅是倍增的输入散粒噪声。但雪崩过程本质上是统计性的，所以一般来说，各个载流子具有不同的雪崩增益，表现为具有平均值 $\langle M \rangle$ 的特征分布。这会导致额外的噪声，即

$$\langle i^2 \rangle = 2eI_{ph} \langle M \rangle^2 + 2eI_{ph} \sigma^2 \tag{4-61}$$

其中，σ^2 是增益变化的方差。

$$\sigma^2 = \langle M^2 \rangle - \langle M \rangle^2 \tag{4-62}$$

则式（4-61）变为

$$\langle i^2 \rangle = 2eI_{ph} \langle M \rangle^2 \left[1 + \sigma^2 / \langle M \rangle^2 \right] \tag{4-63}$$

式（4-63）右侧中括号内的式子代表过剩噪声因子。

$$F = \langle M^2 \rangle / \langle M \rangle^2 = 1 + \sigma^2 / \langle M \rangle^2 \tag{4-64}$$

光电流倍增实验可以测量 $\langle M \rangle$，简单地表示为 M。已经证明，F 强烈依赖于电子和空穴的离化系数比，当离化系数比 β / α 非常大或非常小以及倍增过程是由具有最高离化系数的载流子主导时，雪崩噪声可以很低。

直观理解是，如果 $\alpha = \beta$，对于产生的每个电子-空穴对，通过电子的空穴将向相反方向传播。这种强烈的反馈效应"放大"了噪声波动。相反的情况是在没有反馈的情况下，电子和空穴都不会影响电离。后者是最小过剩噪声的情况，而 $\alpha = \beta$ 的情况是最大过剩噪声的情况。因此，对于低噪声的半导体雪崩探测器，α 和 β 之间的差别是很大的。

过剩噪声因子 F 通常取决于雪崩增益、电流注入或产生的位置以及离化系数比。对于电子引发的增益，过剩噪声因子可以表示为

$$F_n = M_n \left[1 - (1-k)\left((M_n - 1)/M_n\right)^2 \right] \tag{4-65}$$

而对于空穴引发的增益，过剩噪声因子可以表示为

$$F_p = M_p \left[1 - (1 - 1/k)\left((M_p - 1)/M_p\right)^2 \right] \tag{4-66}$$

注意，对于 $\alpha = \beta$ 的情况，$F = M$，由式（4-60）可知，噪声功率正比于 M 的立方。而在另一个 $\beta = 0$ 或 $\alpha = 0$ 的极限情况下，可以看出当 $M \geqslant 10$ 时，过剩噪声因子 $F = 2$。因此在高增益下，即使只有一种类型的载流子电离，过剩噪声也不会变得极小。这意味着本质上传统的 APD 比光电倍增管更嘈杂，光电倍增管雪崩过程几乎没有过剩噪声（$F = 1$），这被认为是半导体雪崩探测器的一个基本限制。

| 4.3　离化碰撞工程 |

为了获得具有高增益、宽带宽和低过剩噪声的雪崩探测器，对构成器件的材料选择以及对器件结构的设计就变得尤为重要。如之前所论述的，在光纤的低损耗低色散窗口（$1.3\,\mu m \leqslant \lambda \leqslant 1.55\,\mu m$）中，该波段的大多数半导体材料具有相似的电子和空穴离化系数，这会引入较大的过剩噪声，并使雪崩倍增过程不可控。因此，通过对能带结构和新型器件结构的优化设计，人工增加或减少离化系数比的方法（称为"离化碰撞工程"），具有相当的实际意义。本节将重点研究这些离化系数比被增大或减小的雪崩探测器结构。为了提高两种载流子的离化系数的差距，已经采取的方法有以下 4 种。

① 通过在两个异质结之间形成的势阱中捕获空穴（或电子）消除"正反馈"。

② 采用梯度间隙材料提高电子和空穴的电离能的差异。

③ 在许多 III-V 族异质结中，导带和价带之间存在很大的不连续性，使用该原理的结构包括超晶格或多量子阱。

④ 通过引入周期性的掺杂分布，进一步拉大 β/α。

4.3.1　梯度带隙雪崩探测器

梯度带隙雪崩探测器由 Capasso[1]提出，并首先通过实验证明。在梯度带隙雪崩探测器中，由于半导体组分分布是梯度的，电子和空穴经历了不同强度的"准电场"。并且，这些场产生的力将电子和空穴推向相同的方向。

我们假设梯度带隙材料（假定材料的宽度小于 1 μm，并且为本征材料）夹在 P⁺ 区域和 N⁺区域之间形成 PIN 型二极管。图 4-9（a）所示为理想状态下未加外电场的梯度带隙结构的能带。如果对器件施加反向偏压，则电子将比空穴受到更高的电场强度。如图 4-9（b）所示，F_{ge}（F_{gh}）、F_b 分别表示由梯度能带导致的电场强度和施加电压产生的电场强度。在超过一定的偏置电压时，会发生离化碰撞，由于作用于电子的总有效电场 F_e 高于作用于空穴的电场 F_h，所以电子的离化碰撞能力要高于空穴的离化碰撞能力。在梯度带隙材料中，由于电子离化系数 α 和空穴离化系数 β 对电场的依赖性不同，从而产生不同的离化系数比。

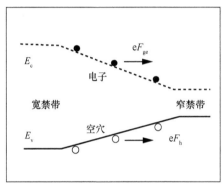

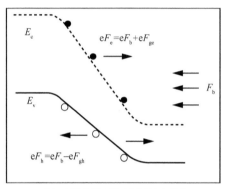

(a) 未加外电场的梯度带隙结构能带　　　　(b) 实际电场和准电场的组合效应

图 4-9　未加外电场的梯度带隙结构能带及实际电场和准电场的组合效应

可以看出梯度带隙主要影响的是电子和空穴的离化阈值能量。梯度带隙半导体中的离化碰撞如图 4-10 所示。假设在渐变区域内，一个光子被激发后，雪崩由一个电子－空穴对（1-1′）引发。电子 1 通过电场加速向带隙较低的区域运动，并且在平均距离 $1/\alpha$ 之后通过碰撞电离产生电子－空穴对（2-2′）。另一方面，空穴 1′向相反的方向漂移到更高的带隙区域，需要更高的能量去产生电子－空穴对（3-3′）。因此，电子的有效离化阈值能量小于空穴的离化阈值能量。随后由离化碰撞产生的每个电子－空穴对，可以重复这个过程。由于离化系数随着电离能的降低而呈指数增长，因此预计离化系数比会大大提高。显然，为了实现最小的过剩噪声，雪崩应始终由具有高离化系数的载流子启动。

最后，讨论梯度带隙材料的另一个重要特性。可以证明，梯度带隙二极管比非梯度带隙二极管具有更"平滑"的击穿特性，这意味着 $I\text{-}V$ 曲线在击穿电压处有更小的斜率（更加平缓）。这种效应的物理原因是，雪崩倍增首先在低带隙区域开始，然后随着电压的增加逐渐向更宽的带隙区域前进，这时需要更高的能量去产生电子–空穴对。因此，与均匀材料二极管相比，梯度带隙雪崩二极管具有更优秀的增益稳定性。

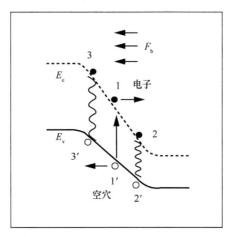

图 4-10   梯度带隙半导体中的离化碰撞（初始电子–空穴对由 1-1'表示）

可以使用肖克利模型对离化系数比进行分析，虽然这种方法不是完全用于描述离化碰撞的，但它的优点是可以为离化碰撞提供简单的基本物理方面的描述。对宽度为 W 的梯度带隙区域施加指向较宽带隙区域的均匀电场 F，I 区的带隙从 $Al_{0.45}Ga_{0.55}As$（$E_g = 2\,eV$）线性变化至 GaAs（$E_g = 1\,eV$），并且在 $Al_xGa_{1-x}As$（$x \leqslant 0.45$）和 GaAs 材料中，空穴离化系数略大于电子离化系数。利用这种梯度带隙材料，可以大大地增加电子和空穴的离化系数比。

肖克利模型假定发生离化碰撞的载流子是逃避声子碰撞并达到离化阈值能量的载流子，离化系数由式（4-67）和式（4-68）给出。

$$\alpha = D_e^{-1} \exp(-D_e / \lambda_e) \qquad (4\text{-}67)$$

$$\beta = D_h^{-1} \exp\left(-D_h / \lambda_h\right) \qquad (4\text{-}68)$$

其中，λ_e 和 λ_h 是声子散射的平均自由距离，D_e 和 D_h 是达到离化阈值能量 $E_{i,e}$ 和 $E_{i,h}$ 所需的加速距离。考虑梯度带隙材料，则 D_e 和 D_h 应该满足

$$\left(eF + \frac{dE_c}{dz}\right)D_e = E_{i,e}(z) - \frac{dE_{i,e}}{dz}D_e \qquad (4\text{-}69)$$

$$\left(eF - \frac{dE_v}{dz} \right) D_h = E_{i,h}(z) - \frac{dE_{i,h}}{dz} D_h \tag{4-70}$$

式（4-69）和式（4-70）中，$\dfrac{dE_c}{dz}$ 和 $\dfrac{dE_v}{dz}$ 是以能量梯度表示的准电场强度。式（4-69）和式（4-70）等号右侧的项说明了一个物理事实，即电子在 z 处发生离化碰撞时的能量小于 $E_{i,e}(z)$，因为电子向较窄的带隙区域运动，而空穴正好相反。

在 $Al_xGa_{1-x}As/Al_yGa_{1-y}As$ 异质结处，$\Delta E_c = 0.60\Delta E_g$，$\Delta E_v = 0.40\Delta E_g$，所以 $dE_c = 0.60 dE_g$，$dE_v = 0.40 dE_g$。接着，我们估计离化阈值能量 $E_{i,e} = E_{i,h} = \dfrac{3}{2} E_g(z)$，并且在梯度带隙区域有 $\lambda_e = \lambda_h$。这个假设在 $Al_xGa_{1-x}As/GaAs$ 异质结处也依然适用（$x \leqslant 0.45$），所以离化系数比可以表示为

$$\frac{\alpha(z)}{\beta(z)} = \frac{eF + 2.10 \dfrac{dE_g}{dz}}{eF - 1.40 \dfrac{dE_g}{dz}} \frac{\exp\left(-1.5 E_g(z) \bigg/ \left(eF + 2.10 \dfrac{dE_g}{dz} \right) \lambda_e \right)}{\exp\left(-1.5 E_g(z) \bigg/ \left(eF - 1.40 \dfrac{dE_g}{dz} \right) \lambda_h \right)} \tag{4-71}$$

请注意，当 $W < 1\ \mu m$ 时，$\dfrac{dE_g}{dz}$ 项相较于 F 不能被忽略，因此电子和空穴的离化系数比提高。相反，当 $W \gg 1\ \mu m$ 时，离化系数比趋近于 1，并且电子和空穴的离化系数 α 和 β 只取决于所处的局域能带。

4.3.2　超晶格雪崩探测器

Capasso 等[2]首先证明了在 AlGaAs 和 GaAs 的超晶格结构中，电子和空穴的离化系数比 $\alpha/\beta \approx 8$，而其在体材料中电子和空穴的离化系数相差不大。这个现象源于在 $Al_{0.45}Ga_{0.55}As$ 和 GaAs 界面处的导带带阶与价带带阶的差异。这是在长波长探测器中使用的几种晶格匹配异质结所共有的特征（如 $Al_{0.48}In_{0.52}As/\ Ga_{0.47}In_{0.53}As$，AlSb/GaSb，HgCdTe/CdTe），也就使运用这些材料制作低噪声雪崩探测器成为了可能。

为了理解超晶格雪崩探测器，可以分析超晶格 APD 的能带结构，如图 4-11 所示。半导体内的雪崩倍增区由宽禁带和窄禁带两种材料交替组成，这种超晶格结构形成了电子和空穴的周期性的势垒和势阱。其中导带的不连续性 ΔE_c 要大于价带的不连续性 ΔE_v。超晶格区域是雪崩探测器的离化碰撞发生的区域，载流子被电场加

速并且获得用于离化碰撞的能量。

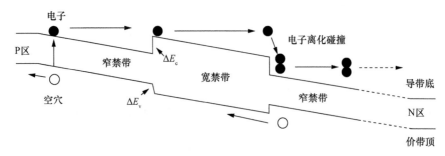

图 4-11　超晶格 APD 的能带结构

　　现在考虑在宽带隙半导体层中加速的热电子，当它进入窄带隙材料时，突然获得等于导带带阶 ΔE_c 的能量。这种能量的增加是非常重要的，并且考虑到异质界面的陡峭性，获得该能量所用的距离比声子散射平均自由程小得多，因此达到电离阈值所需的平均距离大大减小。由于 $\Delta E_c > \Delta E_v$，电子比空穴拥有更高的动能进入窄带隙半导体中，因此更有可能在窄带隙半导体中发生离化碰撞，从而产生电子–空穴对。因此，如图 4-11 所示，导带中的不连续性大于价带中的不连续性的阶梯状带结构将增大电子和空穴的离化系数比 α / β。

　　可以用另一种方式解释这个现象。当电子进入势阱时，电子"遇到"一个相对于宽带隙体材料离化阈值能量减小了 ΔE_c 的离化阈值能量。由于离化系数 α 随着 E_i 的减小而呈指数增长，预计电子有效离化系数 α 相对于宽带隙体材料会有较大的增加，当电子进入下一个宽带隙势垒区域时，这种材料的离化阈值能量会增加 ΔE_c，从而减小在宽带隙层中电子的离化碰撞概率，所以 $\alpha_{窄带隙} \gg \alpha_{宽带隙}$。因此离化系数与离化阈值能量的指数性关系，使得电子的平均离化系数 $\bar{\alpha}$ 被大大地增加了。$\bar{\alpha}$ 可以表示为

$$\bar{\alpha} = (\alpha_{窄带隙} L_{窄带隙} + \alpha_{宽带隙} L_{宽带隙}) / (L_{窄带隙} + L_{宽带隙}) \qquad (4\text{-}72)$$

　　同时，在窄带隙材料中离化碰撞的电子是很容易从势阱中出来的。因为获得了导带带阶 ΔE_c 的能量，电子在势阱中仍具有较高的能量，因此势阱中的电子俘获效应是可以被忽略的。

　　但是，在超晶格 APD 中，一个给定的电子并不会在每一个周期都发生离化碰撞，离化碰撞本质上是统计学的过程。虽然电子获得了 ΔE_c 的能量，但是可能还没达到离化碰撞所需的能量。虽然电子进入下一个势垒层会损失 ΔE_c 的能量，但是因为其

被电场加速，所以其获得的平均动能要大于上一个势垒层。因此，平均而言，电子经过几个势阱而没有发生离化碰撞，直到它们获得 ΔE_c 的能量，达到离化碰撞阈值能量，从而在下一个势阱中发生离化碰撞。这就大大降低了可以发生离化碰撞的平均距离$1/\alpha$。

然而请注意，由于雪崩倍增过程本质上是一个统计学的过程，所以有些电子会在经历几个势阱后电离，而其他电子会在运动距离大于离化碰撞平均距离$1/\alpha$后产生一个电子–空穴对。而一些"幸运"电子可能在一个周期内就获得足够的能量，而没有与声子发生碰撞，并在下一个势阱中产生离化碰撞。这些考虑表明需要在超晶格的整个长度上保持电场尽可能恒定，因此材料的背景掺杂需要非常低。

4.3.3　隧道雪崩探测器

隧道雪崩探测器采用交叉 PN 结构，其中电子和空穴在不同带隙层中通过横向电场而在空间上分离，形成电子隧道和空穴隧道。平行电场随后引导载流子沿着它们发生离化碰撞的方向运动。由于电子和空穴在不同带隙中发生离化碰撞，所以通过选择适当的带隙差异，可以同时得到非常高的增益和较大差异的电子和空穴离化系数。

隧道 APD 如图 4-12 所示。隧道 APD 包含若干个突变的 PN 结，分别带有交替的 P 层和 N 层带隙 E_{g1} 和 E_{g2}，令 $E_{g1}>E_{g2}$。并且需要保证 PN 结的晶格与半绝缘衬底的晶格匹配。可以通过离子注入或刻蚀和外延生长技术获得图 4-12 所示的 P⁺区域和 N⁺区域。在 APD 工作时，在 P⁺区域和 N⁺区域之间提供反向偏压的电压源连接。

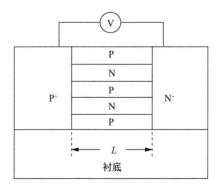

图 4-12　隧道 APD（尺寸未按比例，P 层相比 N 层具有更宽的带隙）

为了说明这种结构的原理，假定 N 层和 P 层的掺杂浓度相等。中心区的 N-P-N 3 层分别具有相同的厚度 d，而最上面和最下面的 P 层具有厚度 $d/2$，器件的纵向长度为 L（$L \gg d$），横向宽度为 L'。

在零偏置电压下，P 层和 N 层通常仅在异质结界面的两侧被部分耗尽，在零偏置电压下隧道二极管的横截面如图 4-13（a）所示。阴影区域表示空间电荷区域，P 层和 N 层的未耗尽部分（白色区域）分别处于 P^+端和 N^+端区域，使得器件出现交叉指针结构。由于交叉指针结构，当在 P+区域和 N^+区域之间施加反向偏置电压时，这种电位差将出现在每个 PN 结上，从而增加异质结界面两侧的空间电荷宽度。当偏置电压进一步增加，直到所有的 P 层和 N 层都在电压 $V = V_{pth}$（V_{pth} 是击穿电压）下完全耗尽时，如图 4-13（b）所示，反向偏压的任何进一步增加将只增加与层的长度 L 平行的恒定电场 F_p，这一点类似于 P^+IN^+二极管。然后电场进一步增加到可以发生雪崩倍增。

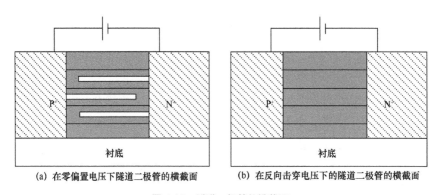

(a) 在零偏置电压下隧道二极管的横截面　　(b) 在反向击穿电压下的隧道二极管的横截面

图 4-13　隧道二极管的横截面

为了更好地说明这种雪崩探测器的原理，我们给出了隧道二极管在工作状态下的能带结构，如图 4-14 所示，其中 U 是击穿电压与内建电场的总和。假设合适波长的光被吸收到禁带宽度较低的带隙层中，产生电子–空穴对。界面处形成的两个 PN 结用于将电子限制在窄带隙层中，同时将空穴扫到周围的宽带隙 P 层中。平行电场 F_p 使得限制在窄带隙层中的电子发生离化碰撞。在离化碰撞中产生的空穴，由于窄带隙层的厚度小于空穴在窄带隙发生离化碰撞的平均距离 $1/\beta$，在发生离化碰撞前被扫出窄带隙区。总之，电子和空穴在不同带隙的空间分离区域中发生离化碰撞。由于电子和空穴的离化系数 α 和 β 对带隙的指数依赖性，在较宽带隙层中发生离化碰撞的空穴的离化系数比在相对较窄间隙层中发生离化碰撞的电子的离化系小得多，使得电子和空穴的离化系数比变得非常大。

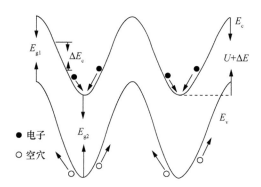

图 4-14　隧道二极管工作状态下的能带结构

　　器件以上述模式工作需要满足几个条件。首先，电子在窄带隙层中的势垒高度应当等于或大于电子电离能，以便在碰撞电离之前电子不会逃离势阱。较宽带隙层中的空穴同样需要类似的条件。假设 N 区的厚度为 d_n，施主浓度为 N_D，厚度为 d_p 的 P 层中的受主浓度为 N_A，则式（4-73）和式（4-74）应得到满足。

$$eV_n + \Delta E_c \geq E_{ie,2} \tag{4-73}$$

$$eV_p - \Delta E_v \geq E_{ih,1} \tag{4-74}$$

其中，ΔE_c 和 ΔE_v 是接触处导带和价带的带阶；$E_{ie,2}$ 和 $E_{ih,1}$ 分别是窄带隙中电子和宽带隙中空穴的电离能；V_n 和 V_p 是反向偏压在 N 区和 P 区穿透时的分压，可以表示为

$$V_n = \frac{1}{4} F_{tm} d_n = \left[V_{pth} + V_{bi} \right] \left[N_A / \left(N_A + N_D \right) \right] \tag{4-75}$$

$$V_p = \frac{1}{4} F_{tm} d_p = \left[V_{pth} + V_{bi} \right] \left[N_D / \left(N_A + N_D \right) \right] \tag{4-76}$$

其中，V_{pth} 是 N 区和 P 区完全耗尽时的击穿电压，V_{bi} 是自建电场，F_{tm} 是垂直于穿透层平面的最大电场，可以表示为

$$F_{tm} = eN_D d_n / 2\varepsilon_s \tag{4-77}$$

　　请注意，为了简化，我们假设两种材料具有相同的介电常数 ε_s。使用式（4-75）和式（4-76），式（4-73）和式（4-74）可以表示为

$$d_n \geq 4 \left(E_{ie,2} - \Delta E_c \right) / eF_{tm} \tag{4-78}$$

$$d_p \geqslant 4\left(E_{ih,1} + \Delta E_v\right) / eF_{tm} \tag{4-79}$$

考虑到电中性条件 $d_n / d_p = N_A / N_D$，则式（4-78）变为

$$d_n \geqslant \frac{4\left(E_{ih,1} + \Delta E_v\right)N_A}{eF_{tm}N_D} \tag{4-80}$$

因此易知，施主浓度与受主浓度应满足

$$N_D / N_A \geqslant \left(E_{ih,1} + \Delta E_v\right) / \left(E_{ie,2} - \Delta E_c\right) \tag{4-81}$$

除此之外，反向击穿时的横向电场 F_{tm} 应当小于雪崩或隧穿的阈值电场 F_{th}，确保在穿透之前不会发生垂直于带隙层的雪崩倍增或隧穿效应，这个条件可以表示为

$$F_{tm} < F_{th} \tag{4-82}$$

最后，由入射光激发的光生空穴或是由离化碰撞产生的空穴，在引发离化碰撞之前，要离开窄带隙半导体区域，即

$$d_n / 2 \ll 1 / \beta_{2m} \tag{4-83}$$

其中，β_{2m} 表示窄带隙材料中空穴离化系数的最大值。要注意，空穴的离化系数 β_2 取决于场的平行 F_p 和横向 F_{tm} 分量的几何和 $\left(F_p^2 + F_{tm}^2\right)^{1/2}$。$F_p$ 与位置无关，而 F_{tm} 随着位置距隧道中心的距离呈线性增加，并在窄间隙材料和宽间隙材料之间的界面处达到最大值 F_{tm}。因此，空穴的离化系数 β_2 随着距隧道中心的距离呈指数增加，在异质结界面处达到最大值 β_{2m}。因此在实际中，需要满足

$$d_n / 2 \leqslant 1 / 10\beta_{2m} \tag{4-84}$$

4.4 常见半导体雪崩探测器

4.4.1 硅衬底雪崩探测器

Si APD 的波长范围是 $400 \sim 1100$ nm，是在弱光检测以及高速探测中首选的光探测器。与简单的 PN 或 PIN 结构探测器相比，APD 的雪崩倍增效应可以提高信噪比。在通信系统中，APD 可以改善误码率或检测概率，提高激光测距仪的最大探测距离和分辨率。

在这里，我们以 C30954 为例[3]。C30954 是一种具有高速、低噪声和低电容的红外硅衬底雪崩探测器。C30954 结构及电场分布如图 4-15 所示。

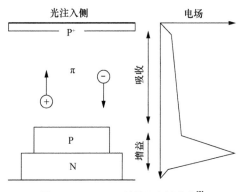

图 4-15　C30954 结构及电场分布[3]

如图 4-15 所示，光子穿过 P+区，主要被吸收到产生电子-空穴对的吸收区域 π 中。电子在倍增区的高电场下向阴极方向漂移。空穴则朝相反的方向向阳极（P 侧）漂移。因此，大多数电子将被注入倍增区。电子的离化系数较高，使倍增区中注入的电子与空穴的比率最大化，从而降低了在 APD 中产生的过剩噪声。

雪崩增益在这里被定义为测量给定偏置电压下的电流与在 50 V 偏置电压下测量到的电流的比。50 V 偏置电压的选择在某种程度上是任意的。被选择的偏置电压必须足够低以避免雪崩倍增的发生，但又要可以形成小电场从 APD 扫出载流子。在有源区域的中心施加光，光束半径约为有源区的 1/3。同时为了更加准确地测量，应避免背景光的干扰。当没有信号进入 APD 时，出现的暗电流必须从测量结果中排除，从而进行更为精确的增益计算。

在不同温度、不同信号波长下 C30954 的增益曲线如图 4-16 所示，该 APD 的击穿电压大约为 100 V，超过击穿电压后，结区被完全耗尽，载流子的雪崩倍增开始发生。并且增益随着偏置电压的增加而不断增加，从线性模式直至盖革模式。

并且，在相同的偏置电压下，在低温环境中的 APD 的增益要显著高于在高温环境中的 APD 的增益。由于空穴和电子的离化系数与温度的关系，击穿电压也随着温度的变化而变化。击穿电压随温度的变化近似为线性，可以用击穿电压温度系数 ΔV_{bd} 衡量。对于 C30954，ΔV_{bd} 为 2.7 V/℃。

C30954 光谱响应曲线如图 4-17 所示，由于吸收系数与温度的强烈依赖关系，长波长光的单位增益响应度随温度显著变化[3]。在相同的偏置电压下，1 060 nm 波长光的增益与 900 nm 波长光的增益相比较小。这是由于对于长波长光，光的吸收发生在 APD 的整个厚度上，而在倍增区下方被吸收的光子会激发离化能力比电子低的空穴；而较短的波长光在吸收区域内被吸收，增益仅由电子引起，所以短波长光的增益要略大于长波长光的增益。

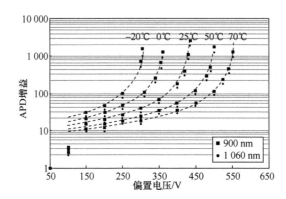

图 4-16 在不同温度、不同信号波长下 C30954 的增益曲线[3]

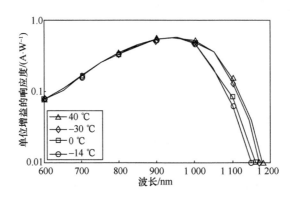

图 4-17 C30954 光谱响应曲线

Si APD 的另一个重要参数是工作波长。当为具体应用选择最合适的 APD 时，首先选择能够在工作波长下获得最高响应度的 APD。

Si APD 的光谱响应同时取决于其结构，如吸收区域的厚度、光入射侧的防反射涂层和欧姆接触区的有效厚度。影响光谱响应的主要因素是 APD 的厚度和 Si 的吸收系数。Si 的吸收系数是关于波长的函数。为长波长光选择的 APD，应该具有较厚的吸收区，这样 APD 吸收光子的空间最大。而为短波长光选择的 APD 应该具有较薄的吸收区域。Si 吸收系数也随着温度变化，这意味着量子效率也会随温度变化。所以在应用时，还要考虑环境温度等因素。

过剩噪声和过剩噪声因子可以表示为

$$\langle i^2 \rangle = 2eI_{\text{ph}} \langle M \rangle^2 F \tag{4-85}$$

$$F = k_{\text{eff}} M + \left(1 - k_{\text{eff}}\right)\left(2 - \frac{1}{M}\right) \tag{4-86}$$

其中，k_{eff} 为电子和空穴的离化系数比。虽然无法直接测量 k_{eff}，但可以通过施加的光功率和测量的噪声电流，使用式（4-85）和式（4-86）计算 k_{eff}。测试中信号电流必须远高于 APD 中的暗电流。

对于 C30954，在波长为 900 nm 处 k_{eff} 约为 0.017。在波长为 1 047 nm 处，不仅 APD 的吸收区域吸收光子，而且倍增区以下区域也吸收光子，这些区域吸收的光子会在倍增区注入空穴，在波长为 1 047 nm 处测量的 k_{eff} 约为 0.027，从而产生较高的过剩噪声。

4.4.2　Ge/Si 吸收分离雪崩探测器

随着光纤通信网络的快速发展，雪崩探测器在当今的光纤通信系统中得到了广泛的应用。传统上，大多数雪崩探测器接收机都是由基于 InP 的材料制造的，当工作时数据速率低于 10 Gbit/s 时，与 PIN 型探测器相比，雪崩探测器的灵敏度提高了 5～10 dB[4]。然而，由于在高清电视和 5G 等应用中数据量指数级增长的需求，目前光纤通信的带宽需求达到 100 Gbit/s，并将在未来进一步增长至 400 Gbit/s[5]。对基于 III-V 族材料的 APD，材料的内在特性（如低增益）限制了其在下一代光纤通信网络中的部署。目前，基于 InP 的数据速率 25 Gbit/s 的雪崩探测器在增益为 3.3 时的 3 dB 带宽为 22 GHz，而当增益达到 10 时，3 dB 带宽降至 18 GHz[6]。这种有限的带宽对于当今 100 Gbit/s 系统是不够的，并且不能满足即将到来的 400 Gbit/s 的带宽要求。

因此，Ge/Si APD 因为 Si 的高增益带宽积和高离化系数差异脱颖而出，同时 Ge 作为吸收层材料，有助于提高对通信波段高量子效率的吸收。此外，Ge/Si 器件与 CMOS 工艺的兼容性为高速应用提供了经济高效的解决方案。

基本的 Ge/Si APD 结构具有吸收区域和倍增区域分离的设计。这种吸收倍增分离结构使这两种材料的优点相结合，包括 Ge 在通信波段中的良好吸收特性和 Si 优秀的雪崩特性。对于高速应用，需要确保光生载流子达到饱和速度，这需要对 Ge 吸收层中的电场进行适当的控制。为了充分利用 Si 的雪崩特性（如高增益带宽积和低噪声），必须在本征 Si 倍增层中保持强电场，确保 Si 层发生雪崩。吸收倍增分离 Ge/Si APD 结构及电场分布如图 4-18 所示。

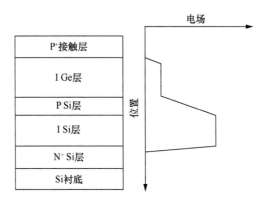

图 4-18　吸收倍增分离 Ge/Si APD 结构及电场分布[4]

在 Si 上沉积高质量的纯 Ge 层是制造高质量的 Ge/Si APD 的关键。在过去的几十年中，Si 上的 Ge 生长已经通过不同的生长方式（如分子束外延、低压化学气相沉积等）得以实现[6-7]。为了提高 Si 上的 Ge 层的质量，制造更高性能的光电子器件，还研发了增加缓冲层、后续生长退火等许多技术[8]。

吸收倍增分离 Ge/Si APD 器件结构如图 4-19 所示[4]，该器件的两个主要特点是：① 在底部反射层和本征 Si 层之间使用了 N Si 层；② 在背面蒸镀金属，形成反射结构，增加对光的吸收效率。

吸收倍增分离 Ge/Si APD 的制作工艺始于 8 inch 的绝缘体上硅（Silicon on Insulator，SOI）晶圆。顶部 Si 层被施主离子注入形成 N 接触，接着是选择性 Si 生长。在沉积本征 Si 层之后，进行 P 型注入工艺形成 P Si 层；接着沉积氧化物层并刻蚀图形，形成用于 Ge 选择性生长的窗口。窗口形成后，通过化学气相沉积（Chemical Vapor Deposition，CVD）技术沉积 Ge 层。在 Ge 生长之后，沉积多晶硅层，并进行离子注入形成 P 型接触。当器件电极制备完成后，蒸镀电介质膜被沉积用于钝化和抗反射。在正面处理之后，将晶片研磨至目标厚度，然后进行背面反射面的刻蚀和金属沉积工艺。

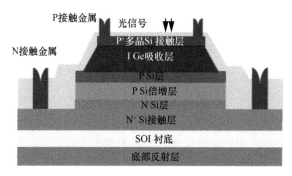

图 4-19 吸收倍增分离 Ge/Si APD 器件结构[4]

我们在光通信波段（1 550 nm）处分析器件性能，将 Ge/Si APD 的击穿电压 V_{br} 定义为在 25℃ 下暗电流为 100 μA 时施加的电压。该器件的 V_{br} 的典型值接近−28.5 V，暗电流在增益 $M = 12$ 时为 3 μA，相应的暗电流密度在单位增益时约为 26 mA/cm^2，暗电流主要源于界面位错和高电场。此外，在击穿电压下，Ge 层具有足够高的电场，可以确保光生载流子达到饱和速度并满足高速操作的要求。除了这种超低暗电流密度和电容之外，室温下在波长为 1 550 nm 处的响应率也很高，并且在单位增益下达到 0.9 A/W。Ge/Si APD 性能参数见表 4-1。

表 4-1 Ge/Si APD 性能参数[4]

25 ℃ 下参数	Ge/Si APD 性能参数值
M=12 时的暗电流	3 μA
M=1 时的光响应度	0.9 A/W
M=1 时的过剩噪声因子	3.00
M=12 时的带宽	7 GHz
APD 散粒噪声	1.09 μA

从表 4-1 可以看出，Ge/Si APD 具有相对较大的暗电流，特别是在低数据速率（如 10 Gbit/s）下。10 Gbit/s 数据速率下的 Ge/Si APD 的暗电流在增益 M=12 时达到 3 μA，比商用 III-V 族同类产品高约 2 个数量级。然而，这种相对较大的暗电流并不是接收器灵敏度的主要限制因素，因为在 APD 工作时暗电流仅仅是总电流的一部分。举例来说，当 APD 以 1.12 μW 的输入功率工作、M=12 时，平均光电流可达到 13.44 μA，远大于暗电流。APD 的散粒噪声表示为

$$i_{\text{APDshot}} = \sqrt{2q\left(I_{\text{dark}} + I_{\text{photo}}\right)FM^2B} \qquad (4\text{-}87)$$

其中，q 为电子电量，I_{dark} 为暗电流，I_{photo} 为平均光电流，F 为过剩噪声因子，M 为增益，B 为探测器的带宽。由式（4-87）可知，平均光电流才是影响 APD 散粒噪声的主要因素。

同时，Ge/Si APD 以 Si 为雪崩放大层，具有低得多的 k 值（约为 0.1），相比之下 InP 衬底的 APD 的 k 值非常大（大于 0.5）。因此，Ge/Si APD 的低过剩噪声因子是 Ge/Si APD 的信噪比比 III-V 族 APD 的信噪比更高的根本原因。

4.4.3　InGaAsP 基雪崩探测器

光纤通信的日益发展驱动 III-V 族半导体材料 APD 的研发，III-V 族 APD 在光纤通信中主要用于长距离、高比特率传输的接收机。最近，3D 成像、传感和空间相关光谱的成像应用，也激发了对在短波长红外（Short Wave Infrared，SWIR）范围内工作的 APD 阵列的研究兴趣。对于这些器件，研究主要集中在减少过剩噪声、开发新结构和提高增益带宽积，从而应对日益增长的高比特率通信。

对于高性能的雪崩探测器，III-V 族半导体有着广泛的材料库可供选择，如 InP，GaAs、$Al_xIn_{1-x}As$、$Al_xGa_{1-x}As$ 和 InGaP 等都可以获得较低的过剩噪声和更高的增益带宽积。

4.3 节介绍的离化碰撞工程能够有效地降低雪崩探测器的过剩噪声。早期的工作表明，$GaAs/Al_xGa_{1-x}As$ 材料制备的 APD 可以证明这种方法的有效性。现在已经在通信波段的探测中使用 InGaAlAs/InP 材料制备的 APD 实现离化碰撞工程。InAlAs/InP 雪崩探测器结构如图 4-20 所示，这是一种在 InP 衬底上利用离化碰撞工程实现的雪崩探测器[9]。

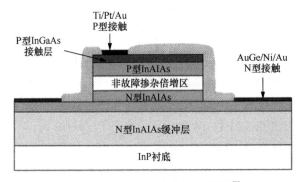

图 4-20　InAlAs/InP 雪崩探测器结构[7]

该探测器采用传统的 PIN 结构,非故障掺杂倍增区被夹在 P 型材料和 N 型材料之间。如图 4-20 所示,倍增区由临近 P 侧的 100 nm 厚的 $In_{0.52}Al_{0.48}As$ 层和 100 nm 厚的 $In_{0.52}Ga_{0.15}Al_{0.33}As$ 层组成。与 InAlAs 相比,InGaAlAs 的禁带宽度(约为 1.25 eV)较低,具有较低的载流子离化阈值能量;而由于死区效应和 $In_{0.52}Al_{0.48}As$ 中更高的离化阈值能量的综合效应,在 InAlAs 层中存在相对较少的离化碰撞。电子一旦到达 $In_{0.52}Ga_{0.15}Al_{0.33}As$ 层,则趋向于快速电离,因为电子具有较低的离化阈值能量并且在 InAlAs 区已经获得了足够的能量。

　　$In_{0.52}Ga_{0.15}Al_{0.33}As/In_{0.52}Al_{0.48}As$ APD 的过剩噪声因子 F 与增益 M 的关系如图 4-21 所示。

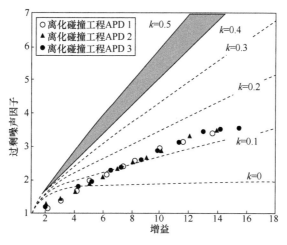

图 4-21　$In_{0.52}Ga_{0.15}Al_{0.33}As/In_{0.52}Al_{0.48}As$ APD 过剩噪声因子与增益的关系[9-10]

　　k 值(离化系数比)已经成为评价过剩噪声被广泛使用的品质因数,图 4-21 中的曲线是使用局域场模型得到的 k 值从 0~0.5 对应的过剩噪声因子曲线,这些曲线仅供参考。当 $M<4$ 时,可以看出 $k<0$,而 $k<0$ 是不符合物理原理的,这反映了局域场模型对于这种类型的增益区的不适用性。为了获得更高的增益, k 值从图 4-21 中可以看出为 0.12,这是针对工作在通信波段(1 300 nm 和 1 550 nm)的 APD 的现有报告中的最低噪声。目前,已经广泛部署在光纤接收器中的商用 InP/InGaAs APD 的过剩噪声因子如图 4-21 中的阴影区域所示,通常这些雪崩探测器的离化系数比的范围是 0.4~0.5。

| 参考文献 |

[1]   CAPASSO F. Graded bandgap photodetector: US4383269[P]. 1983.

[2]   CAPASSO F, TSANG W T, HUTCHINSON A L, et al. The superlattice photodetector: A new avalanche photodiode with a large ionization rates ratio[C]//IEEE International Electron Devices Meeting. Piscataway: IEEE Press, 1981: 284-287.

[3]   PerkinElmer Datasheet. Long wavelength enhanced silicon avalanche photodiodes C30954EH, C30955EH and C30956EHSeries[EB]. 2016.

[4]   HUANG M Y, LI S, CAI P F, et al. Germanium on silicon avalanche photodiode[J]. IEEE Journal of Selected Topics in Quantum Electronics, 2018, 24(2): 1-11.

[5]   IOS, IEC, IEEE. Media access control parameters, physical layers, and management parameters for 200 Gbit/s and 400 Gbit/s operation: IEEE 802.3BS-2017[S]. 2017.

[6]   NADA M, MATSUZAKI H, ISHIBASHI T, et al. High-power-tolerant In AlAs avalanche photodiode for 25 Gbit/s applications[J]. Electronics Letters, 2013, 49(1): 62-63.

[7]   HARTMANN J M, ABBADIE A, PAPON A M, et al. Reduced pressure—chemical vapor deposition of Ge thick layers on Si (001) for 1.3–1.55 μm photodetection[J]. Journal of Applied Physics, 2004, 95(10): 5905-5913.

[8]   LOH W Y, WANG J, YE J D, et al. Impact of local strain from selective epitaxial germanium with thin Si/SiGe buffer on high-performance P-I-N photodetectors with a low thermal budget[J]. IEEE Electron Device Letters, 2007, 28(11): 984-986.

[9]   WANG S, HURST J B, MA F, et al. Low-noise impact-ionization-engineered avalanche photodiodes grown on InP substrates[J]. IEEE Photonics Technology Letters, 2002, 14(12): 1722-1724.

[10] CAMPBELL J C, DEMIGUEL S, MA F, et al. Recent advances in avalanche photodiodes[J]. IEEE Journal of Selected Topics in Quantum Electronics, 2004, 10(4): 777-787.

第 5 章

新型可见光探测材料与器件

机光电材料除了用于发光领域，也成功应用于光伏和光电探测领域，如有机太阳能电池、有机光电探测器等，并支持柔性及可穿戴设备，具有广阔的应用前景。本章介绍了有机材料与光伏器件的基本知识，并在此基础上介绍了有机材料和器件作为新型可见光探测材料与器件在可见光通信领域的发展和表现。

| 5.1　有机材料与光伏器件 |

由于高吸收、可印刷、支持柔性器件等特性，有机材料在光伏领域也得到了广泛关注。与传统的硅衬底太阳能电池相比，有机太阳能电池的活性层厚度可以比前者小一个量级，从而大幅减少对材料的消耗。其可印刷和支持柔性器件的特性与可穿戴设备也有紧密联系。有机太阳能电池的器件结构如图 5-1 所示，其中活性层一般是由施主（Donor）材料和受主（Accepter）材料构成的双层异质结（Heterojunction）结构、体异质结结构或者施主−受主（D-A）分子结构，其中后二者能使施主−受主材料或者施主−受主单元更充分地混合。有机太阳能电池器件的能级结构及工作原理如图 5-2 所示。有机太阳能电池整个工作过程可以分为 4 个环节：① 光吸收，② 激子扩散，③ 激子解离，④ 电荷收集。

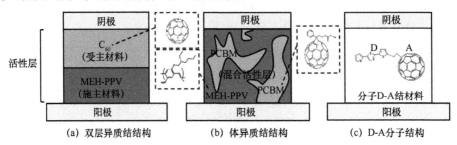

(a) 双层异质结结构　　(b) 体异质结结构　　(c) D-A分子结构

图 5-1　有机太阳能电池的器件结构

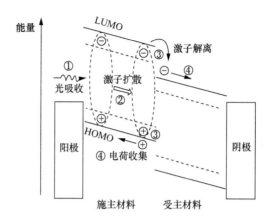

图 5-2　有机太阳能电池器件的能级结构及工作原理示意

在光吸收过程中，施主材料会吸收太阳光中的光子，并在自身的 HOMO-LUMO 能级产生光生激子。目前，表征太阳能电池性能时通常使用大气质量为 1.5（AM1.5）、功率密度为 100 mW/cm² 的太阳能模拟器作为人工光源，该光源反映了太阳位于天顶角 48.2°时单位面积的辐照功率和光谱轮廓。为了尽可能增加光吸收，一般会增加活性层厚度，不过这同时也会增加材料消耗。另一种做法是采用亚波长尺度纳米结构（有序、无序、准无序等形式）增加入射太阳光进入活性层平面内传播的耦合效率[1]。由于入射光在平面内的传播路径大幅增加，光吸收也会显著增强，可以实现用很少的耗材量、很薄的活性层来实现接近完美的光吸收。

除此以外，还有一种利用量子裁剪效应增加光生激子的方法。当施主上光生激子的单重态能量大于两倍的三重态能量时，单个的单重态光生激子会裂变成两个相关联的三重态激子，随后两个三重态激子会迅速分离，并独立存在于不同的施主分子上，整个过程称为单重态裂变[2]。用这种方法，理论上可以产生 200% 的光生激子。另外，单一材料往往只能吸收太阳光部分光谱的能量，为了提高太阳光光谱的使用效率，带有两个或两个以上子器件单元的串联结构器件也是优化光吸收的重要手段之一[3]。

光生激子产生后会扩散，但有机材料光生激子的扩散长度往往都很短，约为 10 nm[4]，这是因为激子与激子相互作用以及激子被缺陷陷阱俘获都会造成激子衰减。因此，有机太阳能电池对活性层体异质结的微观形貌要求很高，一般的做法是引入添加剂来优化体异质结中施主和受主的混合程度，减少光生激子在扩散过程中的损失[5]。

当光生激子扩散到施主–受主界面时，两者在界面处存在的 LUMO 能级差，会形成内建电场，该电场会驱动激子中的电子向受主移动。激子解离并不是一步完成的，在形成自由载流子之前会先以电荷转移态存在。在这些过程中存在的各种直接或间接的竞争过程会影响最终的解离效率。

光生激子在施主–受主界面完成解离后，产生的自由电子在受主材料内运动，产生的自由空穴在施主材料内运动，自由电子和空穴最终分别抵达阴极和阳极，并形成光电流。自由载流子向电极运动的过程中受渐变电场和浓度梯度的驱动，同时具有迁移和扩散的特性，迁移特性受电荷迁移率和内建电场强度影响，扩散特性受电荷扩散系数和电荷寿命影响。

在整个从光生激子产生到电荷收集的过程中，多个环节都会形成激子复合，影响器件的光伏性能。例如，有机材料介电常数小，激子中电子–空穴对之间形成较大的库仑力，使得激子解离困难，激子易发生孪生复合，会降低自由载流子的产生效率。再例如，自由载流子在运动过程中也有相互复合的可能，包括有缺陷参与的和没有缺陷参与的情况。前者称为缺陷辅助复合，后者称为非孪生复合[6]。这些过程都是在优化太阳能电池性能的工作中需要尽可能抑制的因素。

太阳能电池器件性能表征的核心参数包括：开路电压（V_{OC}）、短路电流密度（J_{SC}）、填充因子（FF）、功率转换效率（η_{PCE}）。当太阳能电池被辐照功率 100 mW/cm^2 的 AM1.5 太阳光模拟器照射时，这些参数都可以从太阳能电池的电流密度–电压（J-V）曲线中得到，如图 5-3 所示。开路电压为 J-V 曲线与横坐标（电压）的交点，即当器件内没有电流时，在光照下器件产生的电压大小受施主材料的 HOMO 能级和受主材料的 LUMO 能级影响，也受有机材料与电极接触界面的影响。短路电流密度为 J-V 曲线与纵坐标（电流密度）的交点，即当外加电场为零时，在光照下器件产生的电流密度大小受光子的吸收效率、载流子的收集效率、载流子迁移率等因素的影响。填充因子为太阳能电池最大输出功率密度（$V_{MAX}J_{MAX}$）与开路电压和短路电流密度之积（$V_{OC}J_{SC}$）的比值，表示为

$$FF = \frac{V_{MAX}J_{MAX}}{V_{OC}J_{SC}} \tag{5-1}$$

填充因子与器件寄生电阻相关，等效串联电阻的减小或者等效并联电阻的增加，都有助于填充因子的提升。功率转换效率为太阳能电池最大输出功率与辐照功率（P_{IN}）的比值，表示为

$$\eta_{PCE} = \frac{V_{MAX}J_{MAX}}{P_{IN}} = \frac{V_{OC}J_{SC}FF}{P_{IN}} \qquad （5\text{-}2）$$

在标准测试情况下，P_{IN} 为 100 mW/cm²。由此可见，太阳能电池功率转换效率由开路电压、短路电流密度和填充因子决定。

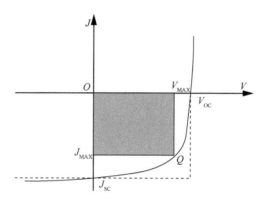

图 5-3　太阳能电池在光照时的 J-V 曲线

除了功率转换效率，太阳能电池还有另外两种表征能量转化效率的方法：内量子效率 η_{IQE} 和外量子效率 η_{EQE}。η_{IQE} 由激子扩散效率 η_{DIFF}、激子解离效率 η_{DA}、电荷输运效率 η_{TRANS}、电荷收集效率 η_{COL} 决定，η_{EQE} 由吸收效率 η_{ABS} 和 η_{IQE} 决定。η_{IQE} 和 η_{EQE} 可分别表示为

$$\eta_{IQE} = \eta_{DIFF}\eta_{DA}\eta_{TRANS}\eta_{COL} \qquad （5\text{-}3）$$

$$\eta_{EQE} = \eta_{ABS}\eta_{IQE} \qquad （5\text{-}4）$$

在实际测试表征中，太阳能电池的 η_{EQE} 随入射光波长 λ 的变化可以表示为

$$\eta_{EQE} = \frac{1\,240J_{SC}}{\lambda P_{IN}} \qquad （5\text{-}5）$$

对应的 η_{IQE} 的计算获得方法为

$$\eta_{IQE} = \frac{\eta_{EQE}}{1 - T - R} \qquad （5\text{-}6）$$

其中，T 为透射率，R 为反射率。

有机太阳能电池活性层的材料按用途可以分为施主材料和受主材料。典型的施主材料包括噻吩类材料、聚对苯乙烯撑类材料、芳香胺类材料、稠环芳香化合物、金属酞菁染料等。典型的受主材料包括富勒烯及其衍生物等。典型的噻吩类材料（如

P3HT 和 PTB7）和典型的富勒烯类材料（如 $PC_{61}BM$、$PC_{71}BM$）的分子式如图 5-4 所示。$P3HT:PC_{61}BM$ 和 $PTB7:PC_{71}BM$ 的体异质结活性层都是有机太阳能发展过程中的经典施主受主组合案例。近年来，非富勒烯受主材料、施主–受主同质双极结构材料等也得到了快速的发展，有效地提升了器件性能并降低了制备成本。

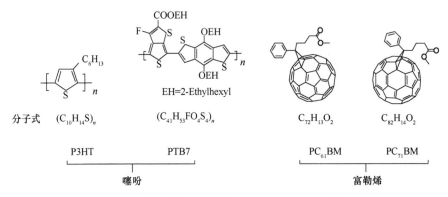

图 5-4　典型的噻吩类材料和富勒烯类材料的分子式

材料方面，钙钛矿材料在太阳能电池领域异军突起[7-9]，它的特性介于有机材料和无机材料之间，具备较高的载流子迁移率，同时也支持溶液法制备。钙钛矿 ABX_3 结构如图 5-5 所示，其中 A 和 B 为阳离子，X 为阴离子。它在空间维度上也发展出体材料、二维材料、纳米线材料和量子点材料等不同的类型。短短几年，钙钛矿太阳能电池的效率已经突破 20%。除了太阳能电池，钙钛矿材料也被用于光电探测器[10-12]、激光器[13-15]、发光二极管[16-18]等器件，并展现出了巨大的潜力。

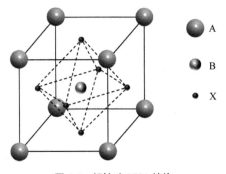

图 5-5　钙钛矿 ABX_3 结构

| 5.2　有机太阳能电池探测器 |

可见光通信的探测器通常使用的是硅衬底光电二极管探测器（包括 PIN 型或雪崩型）。2014 年，Haas 教授的研究团队提出了使用标准商用多晶硅太阳能电池作为可见光通信的探测器，在接收数据信息的同时进行能量收集[19-20]。多晶硅太阳能电池探测器以 11.84 Mbit/s 的速率接收数据的同时可以产生大约 2 mW 的电力。这一进展意味着任何集成太阳能电池模块的电子设备都有可能进行高速数据通信，同时利用来自光信号或环境照明的能量为接收器的电子设备供电。在此基础上，阿卜杜拉国王科技大学、中国科学院半导体研究所、浙江大学、台湾交通大学、延世大学、庆星大学等高校/研究所的课题组也进一步优化这类探测器的性能并拓展其应用场景[21-26]，已经可以初步实现满足自供电的水下通信。

不同于硅衬底无机材料，有机材料的柔性特质可以进一步拓展自供电探测器终端的选择，比如探测器可以与可穿戴设备结合、与卷对卷工艺结合等，产生更广的应用领域。2015 年，圣安德鲁斯大学和爱丁堡大学的研究团队成功使用有机太阳能电池作为探测器，实现了通信和产能的双重功能[27]。有机太阳能电池的器件结构以及通信测试系统如图 5-6 所示。其中，有机太阳能电池的活性层使用的是 PTB7:PC$_{71}$BM，能够提供大约 7% 的功率转换效率，在 34.2 Mbit/s 的通信速率下能够提供 0.43 mW 的电力。

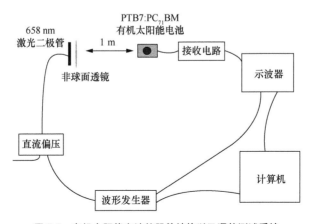

图 5-6　有机太阳能电池的器件结构以及通信测试系统

太阳能电池探测器及其接收电路的等效电路如图 5-7 所示。R_S 和 R_{SH} 分别为太阳能电池的串联和并联电阻。电容 C 反映了太阳能电池内部的电容大小，电感 L 模拟了与太阳能电池相连导线的电感。太阳能电池的输出有直流和交流两部分，直流部分用于能量收集，交流部分用于可见光通信，两者通过电容 C_0 和电感 L_0 实现分离。直流电流的大小由负载电阻 R_L 决定，交流电流的大小由电阻 R_C 控制。整个接收系统的频率响应可以描述为

$$\frac{v(\omega)}{i_{PH}(\omega)} = \frac{R_{LC}R_C \left(R_S + j\omega L + R_{LC}\right)^{-1} \left(\left(j\omega C_0\right)^{-1} + R_C\right)^{-1}}{r^{-1} + j\omega C + R_{SH}^{-1} + \left(R_S + j\omega L + R_{LC}\right)^{-1}} \qquad (5\text{-}7)$$

其中，R_{LC} 为接收电路的等效电阻，其大小为

$$R_{LC} = 1 \Big/ \left(\left(j\omega L_0 + R_L\right)^{-1} + \left(\left(j\omega C_0\right)^{-1} + R_C\right)^{-1}\right) \qquad (5\text{-}8)$$

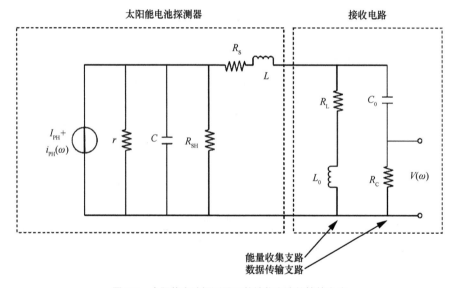

图 5-7　太阳能电池探测器及其接收电路的等效电路

除了直接采用有机太阳能电池作为柔性通信终端自供电的探测器，还有另一种间接解决方案，这种方案是将纳米发电机与柔性光电探测器进行组合。这种方案采用基于摩擦生电的纳米发电机作为自供电单元，并以柔性光电探测器作为通信接收单元。电子科技大学和阿卜杜拉国王科技大学等高校的多个课题组也向这个方向进行了初步探索[28-29]。

| 5.3　有机及钙钛矿光电探测器 |

除了用作太阳能电池探测器，有机材料也可用作可见光通信的光电探测器。此外，太阳能电池结构的器件在外加偏置电压下也能以光电探测模式工作。有机光电探测器的等效电路如图 5-8 所示，其中 R_0 和 C 是光电探测器内的电阻和电容。与 OLED 类似，有机光电探测器的响应速率受 RC 时间常数和载流子迁移率影响，因此，减小探测器工作区面积以及提高载流子迁移率都能有效提升探测器的响应速率。

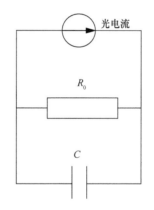

图 5-8　有机光电探测器的等效电路

2012 年，英国诺森比亚大学的 Haigh 等和其他合作单位的研究人员率先研究了有机光电探测器用于可见光通信的性能表现[30]。他们采用 P3HT:PC$_{61}$BM 作为有机光电探测器的活性层，在 30 kHz 带宽的基础上实现了 750 kbit/s 的通信速率。随后两年，该团队进一步将带宽和通信速率分别提高到了 160 kHz 和 3.75 Mbit/s[31-32]。与此同时，胡安卡洛斯国王大学（University Rey Juan Carlos）与马德里卡洛斯三世大学（University Carlos III de Madrid）的合作团队用同样的活性层材料，实现了 790 kHz 的带宽，并展示了基于该有机光电探测器系统的室内音频传输应用[33]。

此外，为了进一步提升通信速率，2016 年清华大学和中国科学技术大学的研究团队开发出了具有窄光谱吸收特性的有机光电探测器，实现了基于波分复用的并行通信[34-35]。其中，方酸菁化合物（1,3-bis[(3,3-dimethylindolin-2-ylidene)methyl] squaraine，ISQ）用于窄波段的红光吸收，而红荧烯（Rubrene）则用于蓝光吸收，探测到的两路信号互不干扰。支持波分复用的有机光电探测器需要更多材料方面的创新。2019 年，清华大学和东京工业大学的合作团队开发出了名为 PSeN（poly dithiazolfluorene-alt-selenadiazolobenzotriazole）的双极聚合物材料，这种材料能够对白光成分中的不同波段做差异性的响应，是可以应用于波分复用并行通信的潜在材料[36]。

由于载流子迁移率的优势，基于钙钛矿材料的光电探测器近几年在可见光通信领域获得了很多关注。2018 年，林雪平大学（Linköping University）和深圳大学的研究团队采用全无机钙钛矿 $CsPbI_xBr_{3-x}$ 作为光电探测器活性层材料，实现了 500 kbit/s 的传输速率[37]。2019 年，暨南大学研究团队使用原子层沉积技术修饰界面层，成功将钙钛矿光电探测器的暗电流抑制到 10^{-11} A 量级，获得了 4.3 nW/cm^2 的检测极限，同时也实现了 1 Mbit/s 的传输速率[38]。同年，Salamandra 等[39]制备了钙钛矿基光电探测器，通过调节钙钛矿材料阳离子的成分与配比，实现了大约 800 kHz 的带宽。此外，吉林大学和南京工业大学的研究团队则通过将有机-无机杂化钙钛矿 $CH_3NH_3PbI_3$ 器件的工作面积减少至 0.6 mm^2，有效地减小了 RC 时间常数，实现了 1 MHz 以上的带宽，而且该器件在弱光检测环境下也保持了很好的性能[40]。钙钛矿光电探测器在弱光检测方面有极大的优势。2015 年，内布拉斯加大学林肯分校（University of Nebraska-Lincoln）的黄劲松教授团队经研究发现钙钛矿光电探测器能够检测功率密度为每平方厘米亚皮瓦的弱光[41]，钙钛矿很有可能在未来发展成为替代硅的主流光电探测材料。另外，钙钛矿基材料还可以与硅探测器相结合。2019 年，阿卜杜拉国王科技大学的研究团队利用钙钛矿 $CsPbBr_3$ 纳米晶发光材料与硅衬底雪崩二极管的组合，实现了紫外线 C（UVC）波段的高速通信[42]。其中，钙钛矿纳米晶吸收紫外光并发生绿光，而硅探测器则收集钙钛矿纳米晶的发光。该系统的带宽达到 71 MHz，通信速率达到 34 Mbit/s。有机发光材料也尝试过类似的紫外探测方案[43]。

另外，OLED 也可以作为有机光电探测器的信号发射端。2018 年，Vega-Colado 等[44]以 LG 化学公司的商用 OLED 为发射端、以 P3HT:PC_{61}BM 光电探测器为接收端，实现了全有机的可见光通信。其中，OLED 的面积约为 10 mm × 10 mm，光电探测器的面积为 25 mm^2。整个系统的带宽超过 40 kHz，并能传送高质量音频。2019 年，López-Fraguas 等[45]以 OLED 为发射端、以钙钛矿光电探测器为接收端，进一步实现了 120 kHz 的带宽。近年来有机及钙钛矿光电探测器用于可见光通信领域的性能表现见表 5-1。

表 5-1　近年来有机及钙钛矿光电探测器用于可见光通信领域的性能表现

材料	带宽/MHz	速率/（Mbit·s^{-1}）	光源	误码率	单/双通道	文献
P3HT:PC$_{61}$BM	0.03	0.75	LED	10^{-6}	单	[30]
P3HT:PC$_{61}$BM	0.16	3.75	LED	10^{-6}	单	[31]
P3HT:PC$_{61}$BM	0.135	1.1	LED	10^{-5}	单	[32]
P3HT:PC$_{61}$BM	0.79	—	LED	—	单	[33]
ISQ（红） Rubrene（蓝）	0.68 0.95	0.18 0.53	OLED	$3.8×10^{-3}$	双	[35]
CsPbX$_3$	—	0.5	LED		单	[37]
CsPbBr$_3$	—	1	激光		单	[38]
MAPbI$_3$	0.8	—	LED		单	[39]
CH$_3$NH$_3$PbI$_3$	>1	—	LED		单	[40]
CsPbBr$_3$	70.92	34	LED	$3.24×10^{-3}$	单	[42]
P3HT:PC$_{61}$BM	0.2	—	OLED		单	[44]
Cs$_x$FA$_{1-x}$Pb（I$_{1-y}$Br$_y$）	0.12	—	OLED		单	[45]

5.4　有机太阳能聚光器

在有机光伏领域，除了太阳能电池本身，还有一类重要的器件，称为有机太阳能聚光器，其工作原理如图 5-9 所示。有机太阳能聚光器内部一般由有机下转换发光材料构成波导，将入射到聚光器表面的光转换成长波长、并在波导平面内横向传播的光。这些在波导内传播的光会从侧面出射，并被探测器收集。由于光的入射面和出射面的面积存在巨大差异，有机太阳能聚光器能够利用此差异达到非成像聚光效果。

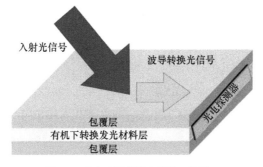

图 5-9　有机太阳能聚光器的工作原理

有机太阳能聚光器的核心参数是光增益（Optical Gain），光增益的大小受多个因素影响，可以表示为

$$\text{Optical Gain} = \frac{A_{\text{in}}}{A_{\text{out}}} \eta_{\text{abs}} \eta_{\text{PLQY}} \eta_{\text{prop}} \eta_{\text{col}} \tag{5-9}$$

其中，A_{in} 为光接收面积，A_{out} 为光出射面积，$A_{\text{in}}/A_{\text{out}}$ 的值为几何增益。η_{abs} 为入射光被有机下转换发光材料吸收的比例，η_{PLQY} 为有机下转换发光材料的荧光量子产率，η_{prop} 为传播到聚光器出射面的光子数占有机材料发射总光子数的比例，η_{col} 为出射面探测器的光收集效率。

传统光电探测器的器件接收面积非常小，在可见光通信过程中，为了实现器件的高带宽，需要用透镜将光会聚到探测器的工作区域以提高信噪比。由于受到集光率的限制，信噪比的提升是建立在牺牲视场的基础上的，因此无法用于广角接收。有机太阳能聚光器能够克服这一限制，在保持高带宽的同时，独立优化接收器件的信噪比和视场，满足广角接收的需求。对于移动终端而言，有机太阳能聚光器还能避免光源实时追踪定位系统的使用，简化可见光通信系统。另外，有机太阳能聚光器还可以利用材料自身的斯托克斯位移效应，用于智能外墙玻璃等应用场景[46]。

有机太阳能聚光器与探测器组成的信号接收端的总体频率响应 R_{LD} 可以表述为两项传递函数的乘积，具体表示为

$$R_{\text{LD}}(\omega) = \frac{\text{sinc}(\tau_{\text{D}}\,\omega/2)}{(1 + \tau_{\text{ORG}}^2 \omega^2)} H(\omega) \tag{5-10}$$

其中，第一项来自有机太阳能聚光器，第二项 $H(\omega)$ 则为光电探测器的响应。在有机太阳能聚光器的响应函数中，τ_{ORG} 为有机材料的荧光寿命，τ_{D} 为面照射引起的波导内光脉冲展宽的延迟时间。

2016 年，Facebook 公司提出了一种接收面积为 126 cm^2 的光纤型有机太阳能聚光器，这种有机太阳能聚光器可以实现 360° 全空间的光收集。由于采用了短荧光寿命的有机染料，这种有机太阳聚光器的带宽达到 91 MHz，并在自适应比特和功率分配的辅助下，实现了 2.1 Gbit/s 的通信速率[47]。同年，圣安德鲁斯大学与牛津大学的研究团队也采用了有机太阳能聚光器，利用 12 倍的光增益，使通信速率从 65 Mbit/s 增加到 190 Mbit/s，提升到了原有 3 倍左右的水平[48]。2017 年，复旦大学研究团队采用带有微纳结构的有机太阳能聚光器，实现了光增益的翻倍，通信速率在均匀调制下即可达到 400 Mbit/s，在自适应比特和功率分配条件下，理论通信速率可达 1 Gbit/s

以上[49]。2019 年，阿卜杜拉国王科技大学的研究团队则进一步将这类器件的应用场景拓展到水下紫外波段通信[50]。

此外，有机太阳能聚光器也支持波分复用和发射−接收一体化结构。2017 年，牛津大学和圣安德鲁斯大学的合作团队展示了使用同一块有机太阳能聚光器即可实现双通道的并行通信系统[51]。2018 年，圣安德鲁斯大学、思克莱德大学、爱丁堡大学的合作团队将 Micro-LED 直接转移到带有光电探测器的有机太阳能聚光器表面，集合成一套发射−接收一体化系统，该系统可同时进行上行和下行通信，下行链路的通信速率为 416 Mbit/s，上行链路的通信速率为 165 Mbit/s[52]。近年来有机太阳能聚光器用于可见光通信领域的性能表现见表 5-2。

表 5-2　近年来有机太阳能聚光器用于可见光通信领域的性能表现

材料	带宽	视场	通信介质	速率	文献
Saint-Gobain（BCF-92）	91 MHz	360°	空气	2.1 Gbit/s	[47]
Coumarin 6	40 MHz	±60°	空气	190 Mbit/s	[48]
SuperYellow	100 MHz	±60°	空气	400 Mbit/s	[49]
Saint-Gobain（BCF-10）	86 MHz	360°	水	250 Mbit/s	[50]
Coumarin 6	40 MHz	±22.5°	空气	32 Mbit/s	[51]
SuperYellow	—	±60°	空气	165 Mbit/s	[52]

有机及钙钛矿材料提升可见光通信探测器性能的关键发展方向如图 5-10 所示。关键发展方向包括高带宽、低检测极限、柔性/可穿戴终端、大面积接收终端、波分复用并行通信以及空间复用并行通信等，大部分方向都与新兴材料的发展和突破息息相关。此外，用于空间复用并行通信的探测器研究还比较少，但该方向今后也会成为发展可见光通信蜂窝网络的重要手段[53]。

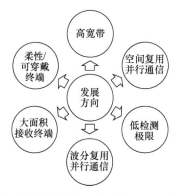

图 5-10　有机及钙钛矿材料提升可见光通信探测器性能的关键发展方向

┃ 参考文献 ┃

[1] MARTINS E R, LI J T, LIU Y K, et al. Deterministic quasi-random nanostructures for photon control[J]. Nature Communications, 2013, 4: 2665.

[2] SMITH M B, MICHL J. Singlet fission[J]. Chemical Reviews, 2010, 110(11): 6891-6936.

[3] OLSON J M, KURTZ S R, KIBBLER A E, et al. A 27.3% efficient $Ga_{0.5}In_{0.5}P$/GaAs tandem solar cell[J]. Applied Physics Letters, 1990, 56(7): 623-625.

[4] SHAW P E, RUSECKAS A, SAMUEL I D W. Exciton diffusion measurements in poly(3-hexylthiophene)[J]. Advanced Materials, 2008, 20(18): 3516-3520.

[5] HEDLEY G J, WARD A J, ALEKSEEV A, et al. Determining the optimum morphology in high-performance polymer-fullerene organic photovoltaic cells[J]. Nature Communications, 2013, 4: 2867.

[6] HOWARD I A, LAQUAI F. Optical probes of charge generation and recombination in bulk heterojunction organic solar cells[J]. Macromolecular Chemistry and Physics, 2010, 211(19): 2063-2070.

[7] IceCube Collaboration. Neutrino emission from the direction of the blazar TXS 0506+056 prior to the IceCube-170922A alert[J]. Science, 2018, 361(6398): 147-151.

[8] DECOSSE J J, GOSSENS C L, KUZMA J F, et al. Breast cancer: induction of differentiation by embryonic tissue[J]. Science, 1973, 181(4104): 1057-1058.

[9] BURSCHKA J, PELLET N, MOON S J, et al. Sequential deposition as a route to high-performance perovskite-sensitized solar cells[J]. Nature, 2013, 499(7458): 316-319.

[10] SHEN L, FANG Y J, WANG D, et al. A self-powered, sub-nanosecond-response solution-processed hybrid perovskite photodetector for time-resolved photoluminescence-lifetime detection[J]. Advanced Materials, 2016, 28(48): 10794-10800.

[11] LU H, TIAN W, CAO F R, et al. A self-powered and stable all-perovskite photodetector-solar cell nanosystem[J]. Advanced Functional Materials, 2016, 26(8): 1296-1302.

[12] TIAN W, ZHOU H P, LI L. Hybrid organic-inorganic perovskite photodetectors[J]. Small, 2017, 13(41): 1702107.

[13] HUANG C Y, ZOU C, MAO C, et al. CsPbBr3 perovskite quantum dot vertical cavity lasers with low threshold and high stability[J]. ACS Photonics, 2017, 4(9): 2281-2289.

[14] ZHANG Q, SU R, DU W N, et al. Advances in small perovskite-based lasers[J]. Small Methods, 2017, 1(9): 1700163.

[15] CALZADO E M, RETOLAZA A, MERINO S, et al. Two-dimensional distributed feedback lasers with thermally-nanoimprinted perylenediimide-containing films[J]. Optical Materials Express, 2017, 7(4): 1295.

[16] ZHANG X Y, SUN C, ZHANG Y, et al. Bright perovskite nanocrystal films for efficient

light-emitting devices[J]. The Journal of Physical Chemistry Letters, 2016, 7(22): 4602-4610.

[17] TAN Z K, MOGHADDAM R S, LAI M L, et al. Bright light-emitting diodes based on organometal halide perovskite[J]. Nature Nanotechnology, 2014, 9(9): 687-692.

[18] ZHANG L Q, YANG X L, JIANG Q, et al. Ultra-bright and highly efficient inorganic based perovskite light-emitting diodes[J]. Nature Communications, 2017, 8: 15640.

[19] WANG Z X, TSONEV D, VIDEV S, et al. Towards self-powered solar panel receiver for optical wireless communication[C]//2014 IEEE International Conference on Communications (ICC). Piscataway: IEEE Press, 2014: 3348-3353.

[20] TSONEV D, VIDEV S, HAAS H. Unlocking spectral efficiency in intensity modulation and direct detection systems[J]. IEEE Journal on Selected Areas in Communications, 2015, 33(9): 1758-1770.

[21] WANG H Y, WU J T, CHOW C W, et al. Using pre-distorted PAM-4 signal and parallel resistance circuit to enhance the passive solar cell based visible light communication[J]. Optics Communications, 2018, 407: 245-249.

[22] KONG M W, SUN B, SARWAR R, et al. Underwater wireless optical communication using a lens-free solar panel receiver[J]. Optics Communications, 2018, 426: 94-98.

[23] CHEN X B, MIN C Y, GUO J Q. Visible light communication system using silicon photocell for energy gathering and data receiving[J]. International Journal of Optics, 2017, 2017: 1-5.

[24] SHIN W H, YANG S H, KWON D H, et al. Self-reverse-biased solar panel optical receiver for simultaneous visible light communication and energy harvesting[J]. Optics Express, 2016, 24(22): A1300.

[25] KIM S M, WON J S, NAHM S H. Simultaneous reception of solar power and visible light communication using a solar cell[J]. Optical Engineering, 2014, 53(4): 046103.

[26] KONG M W, LIN J M, KANG C H, et al. Toward self-powered and reliable visible light communication using amorphous silicon thin-film solar cells[J]. Optics Express, 2019, 27(24): 34542-34551.

[27] ZHANG S Y, TSONEV D, VIDEV S, et al. Organic solar cells as high-speed data detectors for visible light communication[J]. Optica, 2015, 2(7): 607-610.

[28] WANG J, ZHANG H L, XIE X Y, et al. Water energy harvesting and self-powered visible light communication based on triboelectric nanogenerator[J]. Energy Technology, 2018, 6(10): 1929-1934.

[29] LEUNG S F, HO K T, KUNG P K, et al. A self-powered and flexible organometallic halide perovskite photodetector with very high detectivity[J]. Advanced Materials, 2018, 30(8): 1704611.

[30] HAIGH P A, GHASSEMLOOY Z, LE MINH H, et al. Exploiting equalization techniques for improving data rates in organic optoelectronic devices for visible light communications[J]. Journal of Lightwave Technology, 2012, 30(19): 3081-3088.

[31] GHASSEMLOOY Z, HAIGH P A, ARCA F, et al. Visible light communications: 3.75 Mbit/s

data rate with a 160 kHz bandwidth organic photodetector and artificial neural network equalization[J]. Photonics Research, 2013, 1(2): 65-68.

[32] HAIGH P A, GHASSEMLOOY Z, PAPAKONSTANTINOU I, et al. A 1-Mbit/s visible light communications link with low bandwidth organic components[J]. IEEE Photonics Technology Letters, 2014, 26(13): 1295-1298.

[33] ARREDONDO B, ROMERO B, PENA J, et al. Visible light communication system using an organic bulk heterojunction photodetector[J]. Sensors, 2013, 13(9): 12266-12276.

[34] LI W H, LI D, DONG G F, et al. High-stability organic red-light photodetector for narrowband applications[J]. Laser & Photonics Reviews, 2016, 10(3): 473-480.

[35] LI W H, LI S B, DUAN L, et al. Squarylium and rubrene based filterless narrowband photodetectors for an all-organic two-channel visible light communication system[J]. Organic Electronics, 2016, 37: 346-351.

[36] GUO H, WANG Y, WANG R, et al. Poly (dithiazolfluorene-alt-selenadiazolobenzotriazole)-based blue-light photodetector and its application in visible-light communication[J]. ACS Applied Materials & Interfaces, 2019, 11(18): 16758-16764.

[37] BAO C X, YANG J, BAI S, et al. Photodetectors: high performance and stable all-inorganic metal halide perovskite-based photodetectors for optical communication applications[J]. Advanced Materials, 2018, 30(38): 1870288.

[38] CEN G B, LIU Y J, ZHAO C X, et al. Atomic-layer deposition-assisted double-side interfacial engineering for high-performance flexible and stable CsPbBr3 perovskite photodetectors toward visible light communication applications[J]. Small, 2019, 15(36): 1902135.

[39] SALAMANDRA L, NIA N Y, DI NATALI M, et al. Perovskite photo-detectors (PVSK-PDs) for visible light communication[J]. Organic Electronics, 2019, 69: 220-226.

[40] LI C L, LU J R, ZHAO Y, et al. Highly sensitive, fast response perovskite photodetectors demonstrated in weak light detection circuit and visible light communication system[J]. Small, 2019, 15(44): 1903599.

[41] FANG Y J, HUANG J S. Resolving weak light of sub-picowatt per square centimeter by hybrid perovskite photodetectors enabled by noise reduction[J]. Advanced Materials, 2015, 27(17): 2804-2810.

[42] KANG C H, DURSUN I, LIU G Y, et al. High-speed colour-converting photodetector with all-inorganic CsPbBr3 perovskite nanocrystals for ultraviolet light communication[J]. Light: Science & Applications, 2019, 8: 94.

[43] LEVELL J W, GIARDINI M E, SAMUEL I D W. A hybrid organic semiconductor/silicon photodiode for efficient ultraviolet photodetection[J]. Optics Express, 2010, 18(4): 3219-3225.

[44] VEGA-COLADO C, ARREDONDO B, TORRES J, et al. An all-organic flexible visible light communication system[J]. Sensors, 2018, 18(9): 3045.

[45] LÓPEZ-FRAGUAS E, ARREDONDO B, VEGA-COLADO C, et al. Visible light communication system using an organic emitter and a perovskite photodetector[J]. Organic

Electronics, 2019, 73: 292-298.

[46] MEINARDI F, EHRENBERG S, DHAMO L, et al. Highly efficient luminescent solar concentrators based on earth-abundant indirect-bandgap silicon quantum dots[J]. Nature Photonics, 2017, 11(3): 177-185.

[47] PEYRONEL T, QUIRK K J, WANG S C, et al. Luminescent detector for free-space optical communication[J]. Optica, 2016, 3(7): 787-792.

[48] MANOUSIADIS P P, RAJBHANDARI S, MULYAWAN R, et al. Wide field-of-view fluorescent antenna for visible light communications beyond the étendue limit[J]. Optica, 2016, 3(7): 702-706.

[49] DONG Y R, SHI M, YANG X L, et al. Nanopatterned luminescent concentrators for visible light communications[J]. Optics Express, 2017, 25(18): 21926-21934.

[50] GRAYDON O. Underwater link[J]. Nature Photonics, 2015, 9: 707.

[51] MULYAWAN R, CHUN H, GOMEZ A, et al. MIMO visible light communications using a wide field-of-view fluorescent concentrator[J]. IEEE Photonics Technology Letters, 2017, 29(3): 306-309.

[52] RAE K, MANOUSIADIS P P, ISLIM M S, et al. Transfer-printed micro-LED and polymer-based transceiver for visible light communications[J]. Optics Express, 2018, 26(24): 31474-31483.

[53] YANG X L, LIANG R Q, OU Q R, et al. Ultra-thin optical sheets for parallel data transmission of visible light communications[J]. IEEE Access, 2017, 5: 25923-25926.

名词索引